G000058687

797,885 Books

are available to read at

www.ForgottenBooks.com

Forgotten Books' App
Available for mobile, tablet & eReader

ISBN 978-0-259-56924-4
PIBN 10642284

This book is a reproduction of an important historical work. Forgotten Books uses
state-of-the-art technology to digitally reconstruct the work, preserving the original format
whilst repairing imperfections present in the aged copy. In rare cases, an imperfection in
the original, such as a blemish or missing page, may be replicated in our edition. We do,
however, repair the vast majority of imperfections successfully; any imperfections that
remain are intentionally left to preserve the state of such historical works.

Forgotten Books is a registered trademark of FB &c Ltd.
Copyright © 2017 FB &c Ltd.
FB &c Ltd, Dalton House, 60 Windsor Avenue, London, SW19 2RR.
Company number 08720141. Registered in England and Wales.

For support please visit www.forgottenbooks.com

1 MONTH OF
FREE
READING

at

www.ForgottenBooks.com

By purchasing this book you are eligible for one month membership to ForgottenBooks.com, giving you unlimited access to our entire collection of over 700,000 titles via our web site and mobile apps.

To claim your free month visit:

www.forgottenbooks.com/free642284

* Offer is valid for 45 days from date of purchase. Terms and conditions apply.

English
Français
Deutsche
Italiano
Español
Português

www.forgottenbooks.com

Mythology Photography **Fiction**
Fishing Christianity **Art** Cooking
Essays Buddhism Freemasonry
Medicine **Biology** Music **Ancient
Egypt** Evolution Carpentry Physics
Dance Geology **Mathematics** Fitness
Shakespeare **Folklore** Yoga Marketing
Confidence Immortality Biographies
Poetry **Psychology** Witchcraft
Electronics Chemistry History **Law**
Accounting **Philosophy** Anthropology
Alchemy Drama Quantum Mechanics
Atheism Sexual Health **Ancient History**
Entrepreneurship Languages Sport
Paleontology Needlework Islam
Metaphysics Investment Archaeology
Parenting Statistics Criminology
Motivational

LE MIXTE

ET

LA COMBINAISON CHIMIQUE,

ESSAI SUR L'ÉVOLUTION D'UNE IDÉE

PAR

P. DUHEM

Correspondant de l'Institut de France,
Professeur de physique théorique à la Faculté des sciences de Bordeaux.

PARIS

C. NAUD, ÉDITEUR

3, RUE RACINE, 3

1902

LE MIXTE

ET

LA COMBINAISON CHIMIQUE

ESSAI SUR L'ÉVOLUTION D'UNE IDÉE

LE MIXTE

ET

LA COMBINAISON CHIMIQUE

ESSAI SUR L'ÉVOLUTION D'UNE IDÉE

PAR

P. DUHEM

CORRESPONDANT DE L'INSTITUT DE FRANCE
PROFESSEUR DE PHYSIQUE THÉORIQUE A LA FACULTÉ DES SCIENCES DE BORDEAUX

PARIS,

GAUTHIER-VILLARS, IMPRIMEUR-LIBRAIRE

DU BUREAU DES LONGITUDES, DE L'ÉCOLE POLYTECHNIQUE,

Quai des Grands-Augustins, 55.

1902

PRÉFACE

Les pages que l'on va lire ont paru d'abord dans la *Revue de philosophie*; c'est donc aux philosophes qu'elles étaient destinées. En suivant, au cours du développement de la science, l'évolution d'une notion, la notion de *mixte*, nous avons voulu marquer les principales directions qui ont, pendant plus de trois siècles, orienté les théories physiques. Alternativement atomistiques, cartésiennes, newtoniennes, ces théories semblent reprendre aujourd'hui la voie abandonnée depuis le XVIᵉ siècle, la méthode péripatéticienne.

Bien que ce livre n'ait pas été écrit à leur intention, nous serions heureux que les chimistes y trouvassent matière à réflexion.

P. Duhem.

174748

LE MIXTE
ET LA COMBINAISON CHIMIQUE

ESSAI SUR L'ÉVOLUTION D'UNE IDÉE

PREMIÈRE PARTIE

DES ORIGINES A LA RÉVOLUTION CHIMIQUE

CHAPITRE I

LE MIXTE SELON LES ATOMISTES ET SELON LES PÉRIPATÉTICIENS

Dans un verre d'eau, jetons un morceau de sucre ; au bout de quelque temps, le corps solide, blanc, cristallin, qui constituait le sucre a disparu ; le verre ne contient plus qu'un liquide homogène, transparent comme l'eau, mais ayant une autre saveur. Qu'est-ce que ce liquide ? C'est de l'eau sucrée, dit le vulgaire. C'est une dissolution de sucre dans l'eau, dit le chimiste. Ces deux dénominations correspondent à deux opinions essentiellement distinctes.

Oublions, pour un moment, toute théorie chimique et analysons cette simple opération : la préparation d'un verre d'eau sucrée.

Dans ce verre, y a-t-il encore du sucre et de l'eau ?

DUHEM.   1

Non : le sucre a été détruit, nous l'avons vu graduellement disparaître ; le liquide que renferme le verre n'est plus de l'eau, c'est-à-dire cette liqueur très mobile, presque insipide, que fournit la pluie, qui alimente les sources, qui forme les rivières, mais une liqueur nouvelle, plus ou moins sirupeuse, dont la saveur douce rappelle celle du sucre qui a servi à la former. Le verre ne renferme donc plus ni l'eau, ni le sucre que nous y avions mis, mais un corps nouveau, un *mixte* formé aux dépens de ces deux *éléments*.

Toutefois, si la substance mixte, si l'eau sucrée n'est plus ni eau, ni sucre, elle peut, en se détruisant, régénérer l'eau et le sucre qui ont servi à la former. Chauffons-la doucement ; elle va s'évaporer et nous pourrons, s'il nous plaît, condenser la vapeur et recueillir une eau semblable de tout point à celle que nous avions versée dans notre verre ; pendant cette évaporation, l'eau sucrée, en disparaissant, laisse déposer un solide blanc où nous reconnaissons du sucre ; si l'eau sucrée ne renferme plus, *actuellement*, l'eau et le sucre qui ont servi à la former, elle peut, en cessant d'exister, reproduire cette eau et ce sucre ; elle les renferme *en puissance*.

Qu'est-ce donc, en général, qu'un *mixte* ? Des corps, différents les uns des autres, ont été mis en contact ; graduellement, ils ont disparu, ils ont cessé d'exister, et, à leur place, s'est formé un corps nouveau, distinct par ses propriétés de chacun des *éléments* qui l'ont produit par leur disparition ; en ce mixte, les éléments n'ont plus aucune existence actuelle ; ils y existent seulement en puissance, car, en se détruisant, le mixte peut les régénérer ; et ces caractères, qui définissent le mixte, appartiennent non seulement au corps tout entier, mais encore à toute parcelle, si petite soit-elle, que l'on puisse découper par la pensée en ce corps homogène ; on les retrouve d'ailleurs, ces caractères, en tous les mixtes, aussi bien en ceux que nous nommons aujourd'hui des *mélanges* qu'en ceux auxquels nous réservons le nom de *combinaisons chimiques.*

Tel est, semble-t-il, l'enseignement clair, certain et obvie que l'on peut tirer de l'expérience la plus commune.

Non point, s'écriera quelque chimiste qui, d'ailleurs, professe bruyamment l'empirisme et prétend n'enseigner que des faits ! Une telle notion du mixte, bien loin d'offrir quelque certitude, n'est qu'une illusion du vulgaire, qu'une grossière piperie de nos sens obtus ; elle est indigne d'un esprit capable de quelque réflexion et contraire aux principes de la saine physique.

Vos yeux débiles ne peuvent apercevoir un objet long d'un vingtième de millimètre, et c'est au témoignage de ces yeux que vous vous fiez pour affirmer que l'eau est un fluide homogène et continu ? Prenez un de ces microscopes que les physiciens ont imaginés et perfectionnés ; déjà, en cette liqueur que vous pensiez partout identique à elle-même, vous voyez nager une foule d'objets insoupçonnés de vos yeux ; et cependant le microscope n'a fait que rendre votre vue mille fois ou deux mille fois plus puissante ; que serait-ce donc s'il vous était donné, comme au Lyncée de la fable, de ne point connaître de limite à la pénétration de votre regard ? Cette eau, qui vous semble

remplir d'une manière continue la capacité du verre qui
la contient, vous apparaîtrait comme un ensemble de
petits corps solides, séparés les uns des autres, qui roulent
les uns sur les autres sans changer de grandeur ni de
figure lorsque l'eau se déforme et s'écoule.

Chaque goutte d'eau se compose ainsi d'une foule de
molécules ; il en est de même de chaque petit cristal de
sucre ; lorsqu'on met le sucre en présence de l'eau, les
molécules du sucre ne se détruisent ni ne s'altèrent ;
mais, comme des prisonniers qui rompent leur commune
chaîne; elles se *dissolvent* et, sans briser ni modifier les
molécules de l'eau, elles se glissent entre elles. L'eau
sucrée n'est donc point quelque chose d'homogène dont la
partie la plus petite offre des propriétés identiques à celles
du tout ; cette homogénéité apparente n'est qu'une illusion de nos sens, trop peu délicats pour apercevoir la
structure intime des corps ; dans l'eau sucrée, l'eau et le
sucre subsistent, juxtaposés, mais non confondus ; l'eau
sucrée peut être appelée un mélange d'eau et de sucre au
même titre que le contenu de ce sac est dit un mélange
de blé et de paille ; en la formant, l'eau et le sucre n'ont
pas plus cessé d'exister pour former un corps nouveau que
le grain et la paille n'ont cessé d'exister lorsque le bat-
teur les a jetés pêle-mêle dans le sac ; la distillation qui
sépare l'eau du sucre ne régénère pas plus les éléments
aux dépens du corps mixte que le van ne crée à nouveau
le blé et la paille ; elle trie simplement les molécules de
natures différentes que la dissolution avait brouillées
ensemble.

Ces deux manières de concevoir la relation d'un

mélange avec les corps mélangés sont bien anciennes. Les atomistes grecs regardaient l'homogénéité des mixtes comme une simple apparence ; la faiblesse de nos sens nous empêchait seule de reconnaître la juxtaposition des éléments mélangés. Dans les vers immortels par lesquels il nous a transmis la pensée de ces philosophes, Lucrèce n'a garde d'omettre l'exposé de leur doctrine touchant les mixtes (1). Après avoir décrit les molécules rameuses et enchevêtrées dont sont tissus les corps solides, les petits globes lisses et libres de tout lien qui roulent les uns sur les autres au sein des liquides, les particules aiguës qui constituent les gaz, il analyse la structure intime de l'eau de la mer ; parmi les corps lisses et ronds qui lui donnent la fluidité et qui, isolés, formeraient de l'eau douce, sont épars d'autres corps, arrondis aussi, ce qui leur permet de suivre les mouvements du liquide, mais rugueux et capables par leurs aspérités de blesser la langue, en lui faisant éprouver une saveur amère ; ces éléments rugueux adhèrent à la terre, tandis que les particules lisses de l'eau en franchissent aisément les pores ; aussi l'eau de la mer se change-t-elle en eau douce en filtrant en travers le sol :

> Sed quod amara vides eadem, quæ fluvida constant :
> Sudor uti maris est ; minime id mirabile habendum,
> Nam quod fluvidum est, e lævibus atque rotundis
> Est : at lævibus atque rotundis mista doloris
> Corpora ; nec tamen hæc retineri hamata necesse'st :
> Scilicet esse globosa, tamen cum squalida constent ;
> Provolvi simul ut possint et lædere sensus.

---

(1) Lucrèce, *De rerum natura*, lib. II, vers 390-476.

Et quo mista putes magis aspera lævibus esse
Principiis, und'est Neptuni corpus acerbum ;
Est ratio secernundi, seorsumque videndi.
Humor dulcit, ubi per terras crebrius idem
Percolatur, ut in foveam fluat, ac mansuescat.
Linquit enim supra tetri primordia viri
Aspera, quo magis in terris hærescere possunt.

A cette doctrine, les péripatéticiens opposaient que le corps mixte est réellement distinct des corps qui ont servi à le former ; en engendrant le mixte, les éléments cessent d'exister ; le mixte ne les renferme plus qu'en puissance ; en se détruisant, il peut les régénérer. L'exposé que nous venons de donner des deux opinions contradictoires sur la nature du mixte n'est guère qu'une paraphrase de ce qu'en a dit Aristote (1).

---

(1) ARISTOTE, Περὶ γενέσεως καὶ φθορᾶς, liv. I, chap x.

CHAPITRE II

A travers l'histoire de la chimie, suivons la fortune de ces deux opinions.

Pendant tout le moyen âge, la doctrine péripatéticienne touchant la génération et la corruption des corps mixtes est enseignée dans l'École. Est-elle acceptée des alchimistes ? Il serait peut-être malaisé de découvrir, sous le grimoire qui la dissimule, leur véritable pensée; moins capables d'abstraction, plus imaginatifs que les Scolastiques, ils ont sans doute penché vers l'opinion des Épicuriens. Sans approfondir cette question, contentons-nous de prendre la chimie à l'époque de la renaissance des sciences.

A ce moment, nous voyons la faveur des philosophes de la nature revenir, pour s'y attacher fidèlement pendant plusieurs siècles, à l'idée épicurienne que les masses en apparence continues sont des assemblages de petits corps diversement figurés, que les agencements divers de ces petits corps doivent expliquer les propriétés des divers mixtes qu'étudie le chimiste.

Cette idée, nous la trouvons nettement exprimée par

Bacon (1), qui marque en ces termes le but de la nouvelle physique :

« Il faut mettre en lumière la texture et la constitution
vraie des corps, d'où dépend dans les choses toute propriété et vertu occulte, et, comme on dit, spécifique, et
d'où l'on tire la loi de toute altération et transformation
puissante.

« Par exemple, il faut rechercher, dans toute espèce
de corps, quelle est la partie volatile et l'essence tangible ;
et si cette partie volatile est considérable et gonflée, ou
maigre et réduite... ; et pareillement, étudier l'essence
tangible, qui ne comporte pas moins de différences que
la partie volatile, ses poils et ses fibres et sa texture si
variée ; et encore la disposition de la partie volatile dans
la masse du corps, les pores, conduits, veines et cellules
et les rudiments du corps organique. »

Ces idées prirent plus de force par la tentative de
Gassendi pour opposer la physique atomistique à la
physique scolastique ; elles triomphèrent avec Descartes.

Avec une admirable clarté, Descartes a défini les
caractères qu'il attribue à la matière, afin de rendre intelligibles tous les phénomènes que l'expérience nous révèle.
Citons, en particulier, ce passage (2) :

« Puisque nous prenons la liberté de feindre cette
matière à notre fantaisie, attribuons-luy, s'il vous plaît,
une nature en laquelle il n'y ait rien du tout que chacun
ne puisse connaître aussi parfaitement qu'il est possible.

---

(1) BACON, *Novum organum,* pars ædificans.
(2) DESCARTES, *Le Monde ou le Traité de la Lumière,* chap. VI.

Et pour cet effet, supposons expressément qu'elle n'a
point la forme de la Terre, ni du Feu, ni de l'Air, ni
aucune autre plus particulière comme du bois, d'une
pierre, ou d'un métal, non plus que les qualitez d'être
chaude ou froide, sèche ou humide, légère ou pesante,
ou d'avoir quelque goût, ou odeur, ou son, ou couleur, ou
lumière, ou autre semblable ; en la nature de laquelle on
puisse dire qu'il y ait quelque chose, qui ne soit pas évidemment connue de tout le monde. Et ne pensons pas
aussi d'autre côté qu'elle soit cette matière première des
Philosophes, qu'on a si bien dépoüillée de toutes ses
formes et qualitez, qu'il n'y est rien demeuré de reste qui
puisse être clairement entendu : mais concevons-la comme
un vray corps parfaitement solide, qui remplit également
toutes les largeurs, longueurs et profondeurs de ce grand
espace, au milieu duquel nous avons arrêté notre pensée ;
en sorte que chacune de ses parties occupe toujours une
partie de cet espace, tellement proportionnée à sa grandeur, qu'elle n'en saurait remplir une plus grande, ni se
retirer à une moindre, ni souffrir que pendant qu'elle y
demeure quelque autre y trouve place. Adjoûtons que cette
matière peut être divisée en toutes les parties, et selon
toutes les figures que nous pouvons imaginer, et que
chacune de ces parties est capable de recevoir en soy tous
les mouvements que nous pouvons aussi imaginer. Supposons de plus que Dieu l'a divisée véritablement en
plusieurs telles parties, les unes plus grosses, les autres
plus petites : les unes d'une figure et les autres d'une
autre, telles qu'il nous plaira de les feindre. Non pas qu'il
les sépare pour cela, en sorte qu'elles ayent du vuide

entre deux ; mais pensons que toute la distinction qu'il y met consiste en la diversité des mouvements qu'il leur donne, faisant que depuis le premier instant qu'elles sont créées, les unes commencent à se mouvoir d'un côté, les autres d'un autre ; les unes plus vîte, les autres plus lentement, ou si vous voulez, point du tout, et qu'elles continuënt après leur mouvement suivant les lois de la Nature (1). »

Descartes dit encore, en un autre endroit : « Je ne reçois et ne veux recevoir en Physique aucun principe qui ne soit reçu également en Géométrie ou dans la Mathématique abstraite. Je n'attribue aux choses corporelles aucune autre matière que cette matière susceptible de tout genre de division, de figure et de mouvement que les géomètres nomment quantité et qu'ils prennent pour objet de leur démonstration ; en cette matière, je ne considère absolument rien d'autre que ces divisions, ces figures et ces mouvements. »

Les figures que Descartes attribue aux petites parties des corps diffèrent souvent bien peu de celles que leur attribuait Épicure, au dire de Lucrèce. Dans un des écrits qu'il publia à la suite du *Discours de la Méthode*, à titre d'exemple de cette méthode, il décrit ainsi ces figures (2) :

« Je suppose premièrement que l'eau, la terre, l'air et tous les autres corps qui nous environnent, sont composés de plusieurs petites parties de diverses figures et

---

(1) Descartes, *Principia Philosophiæ*, pars secunda, art. LXIV.
(2) Descartes, *Les Météores*, chap. 1, art. III.

grosseurs, qui ne sont jamais si bien arrangées, ni si justement jointes ensemble qu'il ne reste plusieurs intervalles autour d'elles ; et que ces intervalles ne sont pas vides, mais remplis de cette matière fort subtile, par l'entremise de laquelle j'ai dit ci–dessus que se communiquait l'action de la lumière. Puis, en particulier, je suppose que les petites parties dont l'eau est composée sont longues, unies et glissantes, comme de petites anguilles, qui, quoiqu'elles se joignent et s'entrelacent, ne se noûent ni ne s'accrochent jamais pour cela en telle façon qu'elles ne puissent aisément être séparées ; et au contraire que presque toutes celles, tant de la terre que même de l'air, et de la plupart des autres corps, ont des figures fort irrégulières et inégales, en sorte qu'elles ne peuvent être si peu entrelacées qu'elles ne s'accrochent et se lient les unes aux autres, ainsi que font les diverses branches des arbrisseaux qui croissent ensemble dans une haie ; et lorsqu'elles se lient en cette sorte, elles composent des corps durs comme de la terre, du bois ou autres semblables, au lieu que si elles sont simplement posées l'une sur l'autre, sans être que fort peu ou point du tout entrelacées, et qu'elles soient avec cela si petites qu'elles puissent être mues et séparées par l'agitation de la matière subtile qui les environne, elles doivent occuper beaucoup d'espace, et composer des corps liquides fort rares et légers, comme des huiles ou de l'air. »

Ces hypothèses sont reprises au livre des *Principes* (1) et au *Traité de la Lumière* (2).

---

(1) DESCARTES, *Principia Philosophiæ,* pars quarta, passim.

(2) DESCARTES, *Le Monde ou Traité de la Lumière,* chap. III et IV.

Les corps qu'obtient Descartes en brouillant ensemble les trois éléments qu'il a imaginés ressemblent fort peu aux mixtes que concevait Aristote ; le Stagirite les eût comparés au mélange de grain et de paille que l'on ramasse dans l'aire. Descartes pouvait-il, sans se contredire, imaginer le mélange de deux éléments autrement qu'une juxtaposition des petites parties figurées dont sont formés ces éléments ? Pouvait-il concevoir la pénétration mutuelle de deux de ces particules qu'il regardait comme identiques à l'étendue même qu'elles occupent ? Déjà, dans le *Traité de la Lumière*, il nous a avertis que « chacune de ces parties occupe toujours une partie de l'espace tellement proportionnée à sa grandeur, qu'elle n'en saurait remplir une plus grande, ni se retirer à une moindre, ni souffrir que, pendant qu'elle y demeure, quelque autre y trouve place ». Dans une lettre à Henri Morus (1), il affirme plus nettement encore l'impénétrabilité de la matière comme conséquence nécessaire de l'essence qu'il lui attribue : « On ne peut comprendre qu'une partie d'une chose étendue en pénètre une autre qui lui est égale, à moins que l'on n'entende par là que la partie de son étendue qui lui est commune avec cette dernière est supprimée ou anéantie ; mais être anéanti, ce n'est pas pénétrer autre chose ; cela démontre, à mon avis, que l'impénétrabilité appartient à l'essence même de l'étendue, mais non à l'essence d'aucune autre chose. »

Une dissolution ne peut donc être, selon cette doc-

---

(1) Descartes, *Epistolæ*, édition d'Amsterdam (1714), pars prima, epist. LIX.

trine, autre chose qu'une interposition des particules du
corps dissous aux particules du dissolvant ; et c'est ce
qu'admet Descartes (1) touchant les eaux de la mer ;
parmi les particules allongées, lisses, flexibles et glissantes comme de petites anguilles, qui constituent proprement l'eau douce, se trouvent des bâtonnets rigides
et aigus qui sont les parties constituantes du sel marin ;
la forme et la grosseur de ces deux éléments qui constituent l'eau de mer en expliquent à souhait toutes les propriétés ; Descartes montre comment l'évaporation entraîne aisément l'eau douce qui abandonne le sel marin ;
il montre également (2), suivant l'exemple de Lucrèce,
comment la filtration à travers le sol retient les bâtonnets
gros et raides auxquels la mer doit sa salure, pour ne
laisser passer que les particules ténues et fugaces qui
forment l'eau douce.

Cet exemple est bien propre à montrer à quel point
Descartes s'était inspiré de la physique des atomistes ; il
se défend, cependant, d'adopter leurs idées (3) ; non seulement, pour lui, les particules qui composent les corps ne
sont pas des *atomes* insécables, mais encore la *matière
subtile* remplit les intervalles que ces particules laissent
entre elles, en sorte qu'il n'y a pas de vide dans la nature.

Cette doctrine, selon laquelle le vide est impossible
dans la nature, reçut de Pascal de rudes assauts ; Huygens

---

(1) DESCARTES, *Les Météores*, chap. i, art. VIII, et chap. iii. — *Principia Philosophiæ*, pars quarta, art. XLVIII.

(2) DESCARTES, *Les Météores*, chap. iii, art. VIII. — *Principia Philosophiæ*, pars quarta, art. LXVI. — *Epistolæ*, pars secunda, epist. I et II.

(3) DESCARTES, *Principia Philosophiæ*, pars quarta, art. CCII.

vint ensuite, qui déclara le vide nécessaire pour le mouvement des petits corpuscules ; bientôt, ce sentiment
devint général chez les physiciens, dont les principes
s'accordèrent désormais avec ceux qu'avaient enseignés
Épicure et Lucrèce ; mais comme Descartes avait transporté de toutes pièces dans sa philosophie la notion de
mixte qu'avaient conçue les atomistes grecs, cette notion
ne fut point modifiée par les échecs de la physique cartésienne.

Au temps de Descartes vivait au Bugue, en Périgord,
un docteur en médecine, Jean Rey, expert en philosophie naturelle. Le sieur Brun, apothicaire à Bergerac,
ayant constaté que le plomb et l'étain, calcinés à l'air,
augmentaient de poids, fut surpris de ce phénomène qu'il
croyait inconnu ; il écrivit au médecin du Bugue : « Je
vous supplie de toute mon affection vous employer à la
recherche de la cause d'un si rare effect, et me tant obliger que par vostre moyen ie sois esclaircy de cette merveille. » A quoi Jean Rey (1), après avoir établi cette
vérité, alors inconnue, que l'air est pesant, répondit en
ces termes : « A cette demande doncques, appuyé sur les
fondemens ja posez, je responds et soutiens glorieusement, que ce surcroit de poids vient de l'air, qui dans le
vase a esté espessi, appesanti, et rendu aucunement
adhésif, par la véhémente et longuement continuée chaleur du fourneau : lequel air se mesle avec la chaux (à ce

---

(1) *Essays de* Jean Rey, *docteur en médecine, sur la recherche de la cause
par laquelle l'Estain et le Plomb augmentent de poids quand on les calcine,*
Bazas, 1630 ; Essay XVI.

.aydant l'agitation fréquente) et s'attache à ses plus menuës parties ; non autrement que l'eau appesantit le sable que vous jettez et agitez dans icelle, par l'amoitir et adhérer au moindre de ses grains. »

Il est clair que Jean Rey imagine à la mode des atomistes le mixte formé par l'air et la chaux d'étain.

Par la réponse qu'on vient de lire, Jean Rey est un précurseur de Lavoisier ; la révolution antiphlogistique assura la gloire de son nom : mais l'amitié de Mersenne ne l'empêcha pas de demeurer inconnu de ses contemporains ; ses *Essays* n'eurent aucune influence sur le développement de la chimie.

Il n'en fut pas de même des écrits de Boyle et de Lémery.

Robert Boyle, discutant la théorie du mélange, n'hésite pas à déclarer que l'opinion des anciens atomistes, adoptée de son temps par les « chymistes », est sinon plus probable, du moins plus intelligible que celle des péripatéticiens ; toutefois, à cette opinion des chimistes, il apporte une correction ; mais cette correction elle-même est conçue dans l'esprit de la doctrine épicurienne.

« Je ne vois pas clairement, dit-il (1), que la notion générale de mélange comprenne cette conséquence : que les *miscibilia* ou ingrédients retiennent exactement, dans leurs petites parties, leur nature primitive, et demeurent distincts dans le composé, au point qu'il soit toujours possible de les régénérer par le feu ; je ne nie pas que dans quelques mélanges, formés par certains corps per-

_____

(1) Robert BOYLE, *The sceptical Chymist*, part II.

manents, cette régénération ne soit possible, mais je ne-
suis pas convaincu qu'il en soit ainsi dans tous les cas, ni
même dans la plupart ; je ne suis pas convaincu que cette
conséquence se puisse déduire, ni des expériences chimiques, ni de la vraie notion de mélange... Il peut se
trouver des corps, je ne le nie pas, qui soient formés de
groupes de particules très petites et très étroitement ser-
rées ; si l'on mêle deux corps, d'espèces différentes, con-
stitués tous deux par de tels groupements durables, bien
que le corps composé qu'ils forment par leur union
puisse être très différent de chacun des deux ingrédients,
chacune des petites masses ou chacun des groupements
qui entrent dans sa composition peut garder sa nature
propre, au point qu'il soit possible de séparer ces masses
les unes des autres et de les ramener à leur premier état.
Si, par exemple, l'or et l'argent sont mêlés en proportion convenable, l'eau-forte dissout l'argent sans attaquer
l'or, et l'on peut ainsi régénérer chacun des deux métaux
à partir du métal mixte. Mais il peut aussi exister d'autres
sortes de groupements où les particules ne sont pas si
étroitement unies entre elles qu'elles ne puissent se
joindre à des corpuscules d'une autre espèce et contrac-
ter avec eux une union beaucoup plus étroite que celle
qu'elles avaient entre elles. Dans ce cas, chacun des deux
corpuscules ainsi combinés perd la figure, la grandeur,
le mouvement et tous les autres accidents grâce auxquels
il était doué de telle nature, de telle qualité ; chacun
d'eux cesse, à proprement parler, d'être un corpuscule
de l'espèce à laquelle il appartenait auparavant : de la
coalition de ces deux espèces de particules naît un nou-

veau corps, dont l'individualité est aussi réelle que celle
que possédaient les deux espèces de corpuscules avant
d'être mêlés ou, si vous préférez, confondus ; cette con-
crétion est, en effet, réellement douée de qualités propres
et distinctes ; ni le feu, ni aucun moyen connu d'analyse ne
peut plus la diviser de manière à séparer les corpuscules
qui ont concouru à la former ; pas plus que ceux-ci ne
peuvent, par les mêmes moyens, être subdivisés en
autres particules. »

Pour la première fois, en cette dissertation dont nous
avons cité le passage essentiel, nous voyons distinguer
deux espèces de corps mixtes ; les uns, par le feu et par
toutes sortes de menstrues, peuvent être séparés en leurs
ingrédients ; les autres sont formés de corpuscules si
étroitement agencés qu'aucun des moyens d'analyse dont
dispose le chimiste ne les peut plus distinguer ; ils ne
sont pas *simples,* à la vérité ; plusieurs éléments contribuent à les former ; mais ils sont *indécomposables* ;
et parmi ces corps que le chimiste ne peut résoudre,
Robert Boyle n'hésite pas à placer l'or et l'argent. On
peut dire qu'il a ainsi constitué la notion du *corps simple*
telle que la formuleront Lavoisier et ses contemporains.

En publiant la dernière édition du *Cours de Chymie* (1)

---

(1) *Cours de Chymie,* contenant la manière de faire les opérations qui
sont en usage dans la médecine par une méthode facile. Avec des raisonnements sur chaque opération, pour l'instruction de ceux qui veulent s'appliquer à cette science, par M. LÉMERY, de l'Académie des Sciences, docteur
en médecine.

Nouvelle édition, revuë, corrigée et augmentée d'un grand nombre de
notes, par M. BARON, docteur en médecine, et de l'Académie royale des
Sciences. Paris, 1757.

DUHEM.

de Lémery, Baron écrivait : « De tous les ouvrages que M. Lémery a publiés, il n'y en a point qui lui ait fait plus d'honneur et contribué davantage à la grande réputation qu'il s'était acquise que son *Cours de Chymie*. La plupart des nations se sont accordées à reconnaître l'utilité de cet ouvrage ; il a été traduit dans presque toutes les langues de l'Europe. Lorsqu'il parut pour la première fois, en 1675, il se vendit, suivant le témoignage de M. de Fontenelle, comme un ouvrage de galanterie ou de satyre. Les éditions se suivaient les unes les autres presque d'année en année. C'était, ajoute le célèbre historien de l'Académie, une science toute nouvelle qui paraissait au jour, et qui remuait la curiosité des esprits. »

Ce livre, dont l'influence fut à la fois si étendue et si profonde, se rattachait étroitement à la physique cartésienne ; de cette physique, Lémery adoptait les principales hypothèses, bien qu'il déclarât hautement : « Je ne me préoccupe d'aucune opinion, qu'elle ne soit fondée sur l'expérience. »

Descartes regardait tout corps comme un réseau ou tissu dans les mailles duquel circulait la *matière subtile* ; les particules flexibles des liquides, les molécules rameuses des solides et des gaz, enfin le *troisième élément*, étaient les vrais principes des choses matérielles, les ingrédients irréductibles qui composaient les soi-disant principes des chimistes. Lémery n'hésite pas à suivre, à cet endroit, le sentiment de Descartes :

« Le premier principe que l'on peut admettre pour la composition des mixtes, dit-il, est un esprit universel qui, étant répandu partout, produit diverses choses selon les diverses matrices ou pores de la terre dans lesquels il se trouve embarrassé ; mais comme ce principe est un peu métaphysique, et qu'il ne tombe point sous les sens, il est bon d'en établir de sensibles : je rapporterai ceux dont on se sert communément. »

« Comme les chymistes, en faisant l'analyse des divers mixtes, ont trouvé cinq sortes de substances, ils ont conclu qu'il y avait cinq principes des choses naturelles, l'eau (qu'on appelle *phlegme*), l'esprit (qu'on appelle *mercure*), l'huile (qu'on appelle *soufre*), le sel, et la terre (qu'on appelle *terre morte* ou *damnée*). »

« Le nom de *Principe* en Chymie ne doit pas être pris dans une signification tout à fait exacte ; car les substances à qui l'on a donné ce nom ne sont principes qu'à notre égard et qu'en tant que nous ne pouvons pas aller plus avant dans la division des corps, mais on comprend bien que ces principes sont encore divisibles en une infinité de parties, qui pourraient à plus juste titre être appelées principes. »

Ces principes des chimistes, corps composés, mais pratiquement indécomposables, peuvent d'ailleurs s'unir entre eux d'une manière tellement intime que le mixte formé soit à son tour indécomposable, selon ce que Boyle avait avancé le premier : « On trouve aisément les cinq principes dans les animaux et dans les végétaux, mais on ne les rencontre pas avec la même facilité dans les minéraux ; il y en a même quelques-uns, comme l'or et l'argent, desquels on ne peut pas en tirer deux, ni faire aucune séparation, quoi que nous disent ceux qui recher-

chent avec tant de soins les sels, les soufres et les mer-
cures de ces métaux. Je veux croire que tous les principes entrent dans la composition de ces mixtes, mais il
n'y a pas de conséquence que ces principes soient demeurés en leur premier état, et qu'on les en puisse retirer ;
car il peut se faire que ces substances, qu'on appelle *principes* se soient tellement embarrassées les unes dans les
autres qu'on ne les puisse séparer qu'en brisant leurs
figures. Or, ce n'est qu'à raison de leurs figures qu'elles
peuvent être dites *sels, soufres* et *esprits*. »

⋅ La figure des particules qui composent chacune des
substances employées par le chimiste rendra intelligibles
les diverses propriétés de cette substance :

« Comme on ne peut pas mieux expliquer la nature
d'une chose aussi cachée que l'est celle d'un sel, qu'en
attribuant aux parties qui le composent des figures qui
correspondent à tous les effets qu'il produit, je dirai que
l'acidité (1) d'une liqueur consiste dans des parties de
sel pointues, lesquelles sont en agitation ; et je ne crois
pas que l'on me conteste que l'acide n'ait des pointes,
puisque toutes les expériences le montrent ; il ne faut que
le goûter pour tomber dans ce sentiment ; car il fait des
picottemens sur la langue semblables ou fort approchans
de ceux que l'on recevrait de quelque matière taillée en
pointes très fines ; mais une preuve démonstrative et
convaincante que l'acide est composé de parties pointues,
c'est que non seulement tous les sels acides se crystal-

---

(1) Jusqu'à Rouelle, les deux mots *sel* et *acide* pouvaient correspondre à
une même notion ; on distinguait les *sels acides* et les *sels alkalis*.

lisent en pointes, mais toutes les dissolutions de matières différentes, faites par les liqueurs acides, prennent cette figure dans leur crystallisation. Ces crystaux sont composés de pointes différentes en longueur et en grosseur les unes des autres, et il faut attribuer cette diversité aux pointes plus ou moins aiguës des différentes sortes d'acides. »

« C'est aussi cette différence en subtilité de pointes qui fait qu'un acide pénètre et dissout bien un mixte qu'un autre ne peut raréfier : ainsi le vinaigre s'empreint du plomb que les eaux-fortes ne peuvent dissoudre ; l'eauforte dissout le mercure et le vinaigre ne le peut pénétrer ; et ainsi du reste. »

« Pour ce qui est des alkalis, on les reconnaît quand on verse de l'acide dessus, car aussitôt, ou peu de tems après, il se fait une effervescence violente, qui dure jusqu'à ce que l'acide ne trouve plus de corps à raréfier. Cet effet peut faire raisonnablement conjecturer que l'alkali est une matière composée de parties raides et cassantes, dont les pores sont figurés de telle façon que les pointes acides y étant entrées, elles brisent et écartent tout ce qui s'oppose à leur mouvement... »

« Il y a autant de différens sels alkalis, comme il y a de ces matières qui ont des pores différens, et c'est la raison pourquoi un acide fera fermenter une matière, et n'en pourra pas faire fermenter une autre ; car il faut qu'il y ait de la proportion entre les pointes acides et les pores de l'alkali. »

Ces quelques extraits suffisent à donner une idée des explications qui foisonnent au *Cours de Chymie* de

Lémery ; Descartes eût assurément reconnu comme fille légitime de sa philosophie cette chimie où l'on n'attribuait à la matière que des divisions, des figures et des mouvements ; mais à aussi juste titre, Lucrèce en aurait pu revendiquer la paternité pour son maître Épicure.

CHAPITRE III

LA NOTION DE MIXTE, AU XVIIIe SIÈCLE, JUSQU'A LA
RÉVOLUTION CHIMIQUE : L'ÉCOLE NEWTONIENNE

La physique, au xviii° siècle, subit une transformation profonde : elle ne se contente plus de considérer, dans la matière, des divisions, des figures et des mouvements ; entre les diverses particules des corps, elle suppose des actions attractives ou répulsives ; elle était Cartésienne ou Épicurienne ; elle devient Newtonienne.

La révolution accomplie par Newton dans le domaine de la philosophie naturelle est l'une des plus profondes que connaisse l'histoire de l'esprit humain.

Newton avait réussi, dans son livre intitulé : *Philosophiæ naturalis principia mathematica*, à déduire d'une même loi les mouvements des corps pesants à la surface de la Terre ; les déplacements relatifs de la Terre, de la Lune, du Soleil, des planètes, des satellites et des comètes ; enfin le flux et le reflux de la mer. L'énoncé de cette loi de la *gravitation universelle* est dans toutes les mémoires.

Cette œuvre achevée, Newton s'était adonné à l'étude des effets de la lumière ; par des artifices qui seront toujours cités comme des modèles de la méthode expérimentale, il avait obtenu, touchant les couleurs du prisme ou des lames minces, des résultats qui sont demeurés classiques. Dans son *Optique,* il expose ces résultats et les procédés expérimentaux qui les ont fournis ; il évite d'y mêler aucune hypothèse touchant la nature de la lumière, touchant les actions qu'elle subit de la part des corps qu'elle rencontre ou qu'elle traverse. Mais les conjectures qu'il a soigneusement éliminées du corps même de l'ouvrage se retrouvent dans les *Questions* qui le terminent.

Dans la XXIX° Question, Newton se demande « si les rayons de lumière ne sont pas formés de corpuscules émis par les corps lumineux ? En effet, de tels corpuscules se transmettront en ligne droite, au travers des milieux homogènes, sans s'infléchir dans l'ombre, comme sont transmis les rayons de lumière. Ils pourront avoir des propriétés différentes de l'un à l'autre et chacun d'eux pourra garder des propriétés invariables en passant d'un milieu à un autre ; c'est là un caractère naturel aux rayons lumineux. Les corps transparents agissent à une certaine distance sur les rayons naturels, action qui les réfracte, les réfléchit et les infléchit ; réciproquement les rayons lumineux mettent en branle, à une certaine distance, les particules de ces corps, de manière à les échauffer. Cette action et cette réaction, qui se produisent à une certaine distance, semblent avoir une grande ressemblance avec la force par laquelle les corps s'attirent. »

Newton, poursuivant ces considérations, montre comment les principaux phénomènes de l'optique se pourraient expliquer par une attraction mutuelle s'exerçant à des distances insensibles, mais non nulles, entre les plus petites parties des corps et les petits projectiles qui forment les rayons de lumière.

Parvenu à ce point, le génie de Newton embrasse un plus vaste champ : contemplant l'ensemble des phénomènes qu'étudient les physiciens et les chimistes, il se demande si tous ces phénomènes ne se ramènent pas à des attractions ou à des répulsions mutuelles ; parmi ces actions, les unes seraient sensibles à grande distance : telle l'attraction qui produit la gravitation universelle ; les autres seraient insensibles, à moins que les corpuscules entre lesquels elles s'exercent ne soient extrêmement rapprochés : telles les actions des particules de matière sur les corpuscules lumineux. A l'exposé de cette vaste hypothèse est consacrée la XXXI° et dernière question de l'*Optique*, plan d'une œuvre immense que les physiciens mettront plus d'un siècle à réaliser.

« Les petites particules des corps, dit Newton, ne possèdent-elles pas certaines vertus, ou puissances, ou forces, qui leur permettent d'agir à distance, non seulement sur les rayons de lumière pour les réfléchir, les réfracter et les infléchir, mais aussi d'agir mutuellement les unes sur les autres, en produisant par là la plupart des phénomènes de la Nature ? On sait, en effet, que les corps agissent les uns sur les autres par les attractions de la gravité, du magnétisme et de l'électricité ; or, ces exemples nous montrent quel est l'ordre et la loi de la Nature ; ils rendent très vraisemblable l'existence d'autres forces attractives, car la Nature est toujours d'accord avec elle-même... Les attractions de la gravité, du magnétisme et de l'électricité s'étendent même à des intervalles assez considérables ; aussi tombèrent-elles sous le sens et la connaissance de tous ; mais il pourrait se faire qu'il existât quelques autres forces attractives et que leurs effets fussent limités à des intervalles si étroits qu'elles eussent échappé jusqu'ici à toute observation. »

C'est à des attractions de ce genre qu'il faut attribuer la cohésion des solides, l'ascension des liquides dans les espaces capillaires, la forme arrondie des gouttelettes de mercure ; des forces répulsives analogues expliquent l'élasticité des gaz.

« Si toutes ces choses sont comme nous l'avons supposé, la Nature nous apparaît comme très simple et toujours d'accord avec elle-même ; elle produit tous les grands mouvements des corps célestes par l'attraction de gravité que tous ces corps exercent mutuellement les uns sur les autres ; tandis qu'elle produit presque tous les petits mouvements de leurs particules par la force attractive ou répulsive que ces particules exercent mutuellement les unes sur les autres. »

Cette grandiose théorie physique n'eût pas été complète si elle eût négligé de traiter les phénomènes chimiques : mais, bien loin d'omettre ces effets, Newton leur consacre la plus grande partie de la XXXI° Question de son *Optique*. Selon les hypothèses qu'il y développe, lorsque deux corps se combinent, cette combinaison est l'effet d'attractions qui s'exercent à petite distance entre les particules de ces deux corps : « Lorsque le sel de tartre devient déliquescent, n'est-ce pas l'effet d'une certaine attraction mutuelle entre les particules du sel de tartre et les particules de l'eau qui voltigent auprès de lui sous la forme de vapeur ? Et pourquoi le sel ordinaire, le nitre et le vitriol ne sont-ils point déliquescents comme le sel de tartre, sinon parce qu'ils n'exercent pas sur les particules d'eau une telle attraction ? »

Ce n'est point ici le lieu de suivre les développements immenses que prit, en physique, la doctrine de l'attraction moléculaire ; en chimie même, cette notion ne nous intéresse qu'autant qu'elle intéresse la notion du mixte.

Assurément, la doctrine de l'attraction moléculaire différait essentiellement, dans son principe, des doctrines Épicuriennes et Cartésiennes ; au lieu d'expliquer tous les phénomènes de la nature par la figure et le mouvement, elle évoquait un troisième élément irréductible, la *force,* et les Épicuriens comme les Cartésiens repoussaient avec horreur l'intervention de cette *qualité occulte.*

Toutefois, comme les Épicuriens et les Cartésiens, les Newtoniens supposaient les corps formés de particules distinctes les unes des autres. A la vérité, les Newtoniens n'étaient pas obligés de formuler des hypothèses précises et détaillées touchant la figure de ces particules, car ils pouvaient attribuer à des lois différentes d'attraction ou de répulsion ce que leurs prédécesseurs expliquaient par la figure des particules ; par là, ils évitaient le caractère naïf et presque enfantin des raisons invoquées par Descartes, par Boyle ou par Lémery, et ils triomphaient volontiers de cet avantage.

Pourquoi les diverses parties des corps solides adhèrent-elles si fortement les unes aux autres ? Les Épicuriens ont invoqué, pour expliquer la dureté de leurs corps solides, l'enchevêtrement des crochets et des ramifications que portent les atomes. « C'est à coup sûr, observe Newton, donner comme réponse ce qui est en question. » Les Cartésiens ont imaginé que les particules des corps sont collées les unes aux autres par le repos. « Pour composer le corps le plus dur qui puisse être imaginé, disait Descartes (1), je pense qu'il suffit si toutes ses parties se touchent, sans qu'il reste d'espace entre deux, ni qu'aucune d'elles soit en action pour se mouvoir. Car quelle colle ou quel ciment y pourrait-on imaginer outre cela, pour les mieux faire tenir l'une à l'autre ? » Ce ciment fait de repos, réplique Newton, est une qualité occulte, ou plutôt un pur néant. « Pour moi, je préfère inférer de la cohésion des corps que leurs particules s'attirent mutuellement avec une certaine force qui, lorsque les particules sont en contact, devient extrêmement grande ;... et qui, au contraire, lorsque les particules sont assez éloignées pour que leur distance devienne sensible, cesse entièrement d'agir. »

Descartes, nous l'avons vu, assimilait (2) les gaz à des fascines de menues branches posées les unes sur les autres ; Boyle avait insisté sur cette hypothèse : « Les particules de l'air, disait-il (3), peuvent être regardées comme de petits ressorts qui, gardant leur courbure, peuvent être transportés de place en place sans que leur grandeur totale éprouve de changement ; mais aussi comme de petits ressorts qui peuvent se déployer d'eux-

---

(1) DESCARTES, *Le Monde ou le Traité de la Lumière*, chap. III.

(2) DESCARTES, *Les Météores*, chap. I, art. III.

(3) R. BOYLE, *New experiments physico-mechanical, touching the spring of the air; and its effects, made for the most part in a new pneumatical engine*, experiment I.

mêmes, dont les parties s'écartent, tandis que, considéré dans son ensemble, chaque petit ressort change à peine de place ; de même que les deux extrémités de l'arc, au moment où le coup est tiré, s'écartent l'une de l'autre, pendant que le milieu de l'arc demeure fixe dans la main de l'archer. » Newton repousse la puérilité de ces hypothèses : « On aura beau se représenter les molécules de l'air comme des lames élastiques et rameuses, comme des branches d'osier pliées sur elles-mêmes et enchevêtrées, on parviendra difficilement à expliquer l'expansibilité de l'air ; on ne le peut faire qu'en attribuant aux molécules une force répulsive qui les oblige à se fuir l'une l'autre. »

De même, au lieu d'expliquer, comme Lémery, la substitution d'un corps à un autre dans une réaction chimique par une certaine proportion de pointes et de pores, Newton attribue ce déplacement à la grandeur relative des attractions mises en jeu : « Lorsqu'on verse du sel de tartre déliquescent dans une solution d'un métal quelconque, le métal est chassé de la dissolution et se précipite au fond du vase sous forme d'un limon ; cette expérience ne montre-t-elle pas clairement que les particules acides de la liqueur sont attirées plus fortement par le sel de tartre que par le métal, et, par cette attraction plus puissante, sont transportées du métal au sel de tartre ? »

L'étude de telles substitutions permet de ranger les métaux selon l'ordre de grandeur de l'attraction qu'ils exercent sur un acide tel que l'eau-forte : « Une solution de fer dans l'eau-forte dissout la cadmie qu'on y plonge et abandonne le fer ; une solution de cuivre dissout le fer et abandonne le cuivre ; une solution d'argent dissout le cuivre et abandonne l'argent ; si l'on verse une solution de vif-argent dans l'eau-forte sur du fer, du cuivre, de l'étain ou du plomb, ce métal est dissous et le vif-argent se précipite ; ces expériences ne montrent-elles pas que les particules acides de l'eau-forte sont plus fortement attirées par la cadmie que par le fer, plus fortement par le fer que par le cuivre, par le cuivre que par l'argent ; qu'elles éprouvent une plus forte attraction pour le fer, le cuivre, l'étain ou le plomb que pour le vif-argent ? »

Ce passage a inspiré tous les chimistes qui, de Geoffroy à Bergmann, ont construit des tables d'affinités.

Newton repousse donc, le plus souvent, les hypothèses aventureuses sur la figure des molécules auxquelles étaient condamnés les Épicuriens et les Cartésiens ; il ne les évite pas toujours. Pour expliquer par les *accès de facile réflexion* et de *facile transmission* les couleurs des lames minces, il est contraint d'attribuer une forme particulière aux projectiles lumineux. Un des admirateurs de Newton, des plus fervents, sinon des plus compétents, Buffon (1), soutint contre Clairaut cette hypothèse : Toutes les lois particulières d'attraction moléculaire ne sont que de simples modifications de la loi de l'attraction universelle, en raison inverse du carré de la distance ; elles n'en paraissaient différentes que parce qu'à très petite distance, la figure des atomes qui s'attirent fait

_____

(1) BUFFON, *Mémoires de l'Académie des Sciences pour* 1745 (parus en 1749). — CLAIRAUT, *ibid.* — BUFFON, *Histoire naturelle, générale et particulière, servant de suite à l'histoire de la Terre et d'introduction à l'histoire des minéraux. Supplément*, t. I. Paris, 1774.

autant et plus que la masse pour l'expression de cette loi. Cette opinion fut acceptée ou développée par Macquer (1), par Guyton de Morveau (2), par Monge (3), par Bergmann (4).

Fondant en une vaste synthèse les doctrines de Newton et celles de Leibnitz, adversaire déclaré des Atomistes et des Cartésiens, le P. Boscovich (5) repousse les vues de Buffon ; pour lui, les particules élémentaires entre lesquelles s'exercent les attractions ou les répulsions moléculaires sont sans étendue, partant sans figure. Mais sous l'influence des forces qui tendent à les rapprocher ou à les écarter, ces points matériels peuvent former des groupements, des sortes d'édifices. . Newton admettait déjà l'existence de ces sortes de groupements, lorsqu'il écrivait dans son *Optique* : « Il peut se faire que les plus petites particules de matière soient reliées entre elles par des attractions extrêmement fortes et qu'elles constituent des particules plus grandes, exerçant les unes sur les autres des forces attractives moindres ; puis qu'un grand nombre de ces particules plus grandes, s'accolant de même les

---

(1) MACQUER, *Dictionnaire de chimie,* deuxième édition. Paris, 1778, art. *Affinité.*

(2) GUYTON DE MORVEAU, *Digressions académiques.* Dijon, 1772. — *Encyclopédie méthodique (Chimie, Pharmacie et Métallurgie),* t. I. Paris, 1786, art. *Affinité* . t. II. Paris, 1792, art. *Attraction.*

(3) MONGE, *Encyclopédie méthodique. Dictionnaire de physique,* t. I. Paris, 1793, art. *Affinité* et *Attraction.*

(4) BERGMANN, *Opuscula,* dissertatio XXXIII, § 1. — *Traité des affinités électives.* Paris, 1788, p. 2.

(5) R. J. BOSCOVICH, *De lege virium in natura existentium* Rome, 1755. — *Theoria philosophiæ naturalis redacta ad unicam legem virium in natura existentium.* Vienne, 1758.

unes aux autres, constituent des particules encore plus grandes, douées d'une force attractive encore plus faible; et ainsi de suite, jusqu'à ce que l'on arrive à ces particules, les plus grandes de toutes, dont dépendent les opérations chimiques et les couleurs des corps naturels; ces particules, par leur cohésion, constituent les corps dont les dimensions tombent sous les sens. » Suivant cette idée de Newton, Boscovich admet que les points matériels, éléments de tous les corps, peuvent se grouper en édifices moléculaires plus ou moins compliqués; que ces molécules complexes diffèrent les unes des autres par leur figure extérieure, la distribution des points matériels en cette figure, les actions qu'elles exercent les unes sur les autres. Les particularités de ces molécules expliquent les propriétés diverses des solides, des liquides et des gaz, et ces explications offrent de grandes analogies avec celles qu'admettaient les Épicuriens et les Cartésiens.

Les trois grandes Écoles Atomistique, Cartésienne et Newtonienne se trouvent amenées ainsi à concevoir du mixte la même idée.

CHAPITRE IV

LA NOTION DE MIXTE, AU XVIIIe SIÈCLE, JUSQU'A LA
RÉVOLUTION CHIMIQUE : L'ÉCOLE EMPIRIQUE

En face de ces Écoles se dresse, dès le XVII° siècle, une quatrième École, l'École empirique.

Fontenelle nous a laissé un tableau piquant des différends qui s'élevaient fréquemment entre les chimistes de l'École empirique et ceux que l'on nommait les chimistes-physiciens :

« M. du Clos, dit-il (1), continua cette année l'examen qu'il avait commencé des Essais de chimie de Boyle... M. du Clos, grand chimiste, aussi bien que M. Boyle, mais ayant peut-être un tour d'esprit plus chimiste, ne trouvait pas qu'il fût nécessaire, ni même possible, de réduire cette science à des principes aussi clairs que les figures et les mouvements, et il s'accordait sans peine une certaine obscurité spécieuse qui s'y est assés établie. Par exemple, si du bois du Brésil bouilli dans quelques lessives de sels sulphurés produit une haute couleur pourprée, qui se perd et dégénère subitement en jaunâtre par le mélange de l'eau forte, de l'esprit de salpêtre ou de

---

(1) FONTENELLE, *Histoire de l'Académie royale des Sciences*, t. I. Depuis son établissement en 1666 jusqu'à 1686. Année 1669. Physique, Chimie. Paris, 1733.

DUHEM.   3

quelque autre liqueur minérale; M. du Clos attribuait ce
beau rouge à l'exaltation des sels sulphurés, et M. Boyle
au nouveau tissu des particules qui formaient la surface
de la liqueur. La chimie, par des opérations visibles, résout les corps en certains principes grossiers et palpables,
sels, soufres, etc... Mais la physique, par des spéculations
délicates, agit sur les principes comme la chimie a fait sur
les corps; elle les résout eux-mêmes en d'autres principes
encore plus simples, en petits corps mûs et figurés d'une
infinité de façons : voilà la principale différence de la Physique et de la Chimie... L'esprit de la Chimie est plus
confus, plus enveloppé; il ressemble plus aux mixtes où
les principes sont plus embarrassés les uns avec les autres : l'esprit de la Physique est plus net, plus simple,
plus dégagé, enfin il remonte jusqu'aux premières origines; l'autre ne va pas jusqu'au bout. »

Le portrait du chimiste que nous trace Fontenelle eût
assurément convenu à Jean-Joachim Beccher, de Spire.
Que ne trouve-t-on pas en son livre étrange sur la *Physique souterraine* (1)? Des raisonnements théologiques
par lesquels il prouve que le diable, dans sa chute, s'est
arrêté au centre de la terre; des témoignages d'une cré-
dulité sans borne, telle l'anecdote d'une servante qui avait
avalé des œufs de grenouille et rendit six grenouilles
vivantes; des comparaisons sans raison qui lui font
regarder les métaux comme des minéraux mâles et les
pierres comme des minéraux femelles; des observations

---

(1) Joh. Joachimi Beccheri, Spirensis germani, Sacr. Cœs. majest.
consil. et med Elect. Bav., *Physica subterranea* profundam subterrancarum
genesin ex principiis hucusque ignotis ostendens, 1699. 2e édition, 1738.

chimiques importantes et, surtout, de violentes diatribes contre ceux qui philosophent en chimie.

Toutefois, cédant soit à la vogue des idées courantes, soit à l'influence de Boyle, dont il critiquait les petits ressorts (1), mais dont il était l'admirateur et l'ami, Beccher ménage les Atomistes et les Cartésiens. Parfois même, il semble partager l'opinion de ces derniers. Au commencement de son ouvrage (2), commentant le texte : *Deus creavit cœlum et terram,* il affirme que toute matière est composée de *ciel* et de *terre*; c'est le *ciel*, et non l'air, qui est le principe de la raréfaction et de la condensation ; l'air ne possède point par lui-même la force élastique qu'on lui attribuait, car l'air lui-même ne pourrait être ni raréfié, ni condensé sans le ressort du ciel. Le *ciel* de Beccher a évidemment d'étroites affinités avec la *matière subtile* de Descartes; et de même qu'en 1669, le chimiste de Spire compose toutes choses de *ciel* et de *terre*, en 1675, le cartésien Lémery composera toutes choses de *matière subtile* et de *terre*.

Indulgent pour les Atomistes et les Cartésiens, Beccher réserve toutes ses colères pour les Péripatéticiens. Examinons, dit-il (3), la doctrine des élèves d'Aristote touchant la mixtion des minéraux. Que nous enseigne-t-elle ?

_____

(1) « Roberto Boyle præ omnibus nostro sæculo palmam concederem, si misso suo *elaterio,* chymica experimenta ulterius continuasset ; et in exponendis istis non tam materiam *concludendi,* quam in singulis dubitandi, tractare sibi proposuisset. » (BECCHER, *loc. cit.,* Sectionis quartæ caput primum.)

(2) BECCHER, *Physicæ subterraneæ* liber primus. Sectio prima : de Creatione universi Orbis. Caput primum : De Creatione Cœli.

(3) BECCHER, *Physicæ subterraneæ* liber primus. Sectionis quartæ caput primum : De necessitate et obscuritate Physicæ circa Mixtionem.

Des choses que tout le monde connaît. Que nous fournit-elle ? Des noms et des enveloppes à mettre sur les réalités, après les avoir vidées. Elle nous dit que les minéraux sont des *mixtes*, qu'ils sont formés d'*éléments*, qu'ils ont des *tempéraments* et des *qualités*; qui ne le sait ? Mais comment se font ces mixtions et comment produisent-elles toutes les espèces de minéraux ? Voilà la question difficile, où achoppent les efforts de nos habiles gens. Pourquoi l'étain peut-il former avec le plomb, et non avec l'argent, un alliage non fragile ? Ils vous en donneront aisément la raison : ce sont des substances contraires et de tempéraments différents. Mais si vous leur demandez en quoi consistent les tempéraments de ces substances et en quoi ils diffèrent, les voilà muets. L'eau-forte dissout les métaux ; c'est parce qu'elle possède la *qualité résolutive*, vous diront ces philosophâtres ; assurément, et aussi : *quantum est quod aliquid quantum dicitur*; autant de pétitions de principe. Mais pourquoi l'eau-forte dissout-elle tous les métaux, l'or seul excepté ? Voilà toute la philosophie en déroute ! Combien plus noble est la Spagyrique (1) ! Elle prend comme thèses des vérités établies pratiquement, des expériences ; des phénomènes de mixtion, des propriétés des mixtes, elle donne les vraies causes et les raisons solides ; sans cesse, elle découvre des combinaisons nouvelles ; et cependant de cette science très sagace, très subtile, très curieuse, vous ne trouverez pas un mot dans les livres des philosophes : ceux-là se repaissent seulement d'idées, d'abstractions et de chimères ; ils ne

_____

(1) Ce nom fut longtemps en usage comme synonyme de *Chimie*.

s'attachent qu'aux noms; heureux d'ignorer combien ils sont ignorants !

Ailleurs, nous voyons Beccher lancer aux Péripatéticiens cette boutade (1) : « Ils vous diront que les qualités ont changé, ce que tout le monde sait ; mais pourquoi ont-elles changé, et comment ? Ici, silence profond ; ils ne parviendraient pas à vous l'expliquer, quand même ils sueraient pendant toute l'éternité avec leur Aristote. »

La principale gloire de Beccher est d'avoir eu pour disciple le chimiste qui créa la théorie du Phlogistique, le médecin qui imagina l'Animisme, l'illustre Georges-Ernest Stahl.

Comme son maître, Stahl (2) repousse la théorie péripatéticienne des mixtes ; mais il est juste d'ajouter qu'à la différence de son maître, il la repousse par des raisons et non par des plaisanteries ; elle lui paraît liée à l'opinion que la matière est divisible à l'infini, opinion qu'il ne veut pas admettre (3).

---

(1) Beccher, *Physicæ subterraneæ* liber primus. — Sectionis quartæ caput tertium : Generalia quædam Axiomata de Mixtione continet.

(2) Georgii Ernesti Stahlii, Consil. Aulici et Archiatri Regii, *Fundamenta Chymiæ* dogmaticæ et experimentalis, et quidem tum communioris physicæ mechanicæ, pharmaceuticæ ac medicæ tum sublimioris sic dictæ hermeticæ atque alchymicæ ; olim in privatos auditorum usus posita, jam vero indultu auctoris publicæ luci exposita. Norimbergæ, 1723.

(3) Stahl, *Fundamenta Chymiæ*, Pars III : « ... Intellexit quidem, quod ipsi concedendum, quod si quantitas hujusce' modi aggregati quovismodo imminuatur, ut sensibilis tantum pars remaneat, ibi illa pars adhuc tota sit mixta, et hæc pars per guttulas imo singulæ guttulæ in minores ulterius proportiones divisæ, tamen sint mixtæ, denn mag etwas zertheilen, so klein man will, so bleibt doch das mixtum noch da ; interim exemplum ipsum explicandæ mixtionis indoli nimis crassum est atque ineptum : Und ist daher

A l'égard de la physique Cartésienne ou Atomiste, Stahl, tout en proclamant l'excellence de la méthode expérimentale, se montre respectueux : « Bien que la philosophie mécanique, dit-il (1), se fasse fort d'expliquer toutes choses, c'est à l'étude des questions physico-chimiques qu'elle s'est appliquée avec le plus d'audace. Je ne fais pas fi d'un usage modéré de cette méthode ; cependant, à moins d'être aveuglé d'opinions préconçues, force est de reconnaître qu'elle n'a jeté aucun jour sur ces questions. Il n'y a pas lieu de s'en étonner. La plupart du temps, elle s'attache à des assertions douteuses ; elle lèche la surface et l'écorce des choses en laissant intact le noyau ; de la figure et du mouvement des particules elle se contente de tirer l'explication très générale et passablement abstraite des phénomènes ; mais elle ne se soucie pas de savoir ce qu'est un mixte, un composé, un aggrégat, quelle est la nature, quelles sont les propriétés de ces sortes de corps, ni en quoi ils diffèrent les uns des autres. »

En fait, Stahl avait assurément médité les théories physico-mécaniques de Descartes, de Robert Boyle et de

---

darauf gefallen, dass man ein Ding in infinitum secundum lineas mathematicas zertheilen könne. »

Une grande partie de l'ouvrage de Stahl est écrite dans ce bizarre mélange d'allemand et de latin barbare. On comprend que Buffon *(a)* ait pu dire : « M. Macquer et M. de Morveau sont les premiers de nos chimistes qui aient commencé à parler français. Cette science va donc naître, puisqu'on commence à la parler. »

(1) STAHL, *Fundamenta Chymiæ*, pars I. Préambule daté de 1720.

(a) BUFFON. *Histoire naturelle, générale et particulière*, servant de suite à la théorie de la Terre et d'introduction à l'histoire des minéraux. — Supplément, tome Ier Paris, 1774.

Lémery, et il adhère aux principes essentiels de ces théories.

En commençant la seconde partie de son ouvrage (1), il divise tous les corps en fluides et en solides ; à ces deux sortes de corps il attribue une constitution qu'il emprunte presque textuellement à l'atomisme de Lucrèce; il corrige seulement cette doctrine par l'introduction de la *matière subtile* cartésienne.

Les corps fluides ne sont pas continus, mais contigus : ils sont formés de particules solides, actuellement séparées, capables de se mouvoir ; ces particules sont de petits globes à surface lisse ; elles sont toutes douées d'une même force motrice par laquelle elles tendent à descendre avec un même poids si le fluide est homogène ; c'est pourquoi la surface des liquides est toujours parallèle à l'horizon.

Les corps fluides se condensent lorsque les pores qui séparent leurs particules deviennent plus étroits ; ils se dilatent lorsque ces pores deviennent plus larges. Dans le premier cas, une matière subtile qui remplissait ces pores se trouve chassée ; dans le second cas, la matière subtile pénètre les pores dilatés.

La dureté d'un corps solide n'est pas due à ce que les particules de ce corps sont juxtaposées et en repos ; les corps solides sont formés de particules rameuses qui s'enchevêtrent les unes aux autres de telle façon qu'il soit très difficile de les séparer; lorsque l'une de ces particules est déplacée, elle entraîne toutes les autres.

Le chimiste qui accepte ces principes ne peut manquer

---

(2) STAHL, *Fundamenta Chymiæ*, pars II, tractatus I, Proemium.

d'admettre, touchant la constitution des mixtes, la théorie qui est commune aux Épicuriens et aux Cartésiens ; ainsi fait Stahl.

« La dissolution, dit-il (1), n'est autre chose que la division du corps en parties très ténues et très lisses, qui se glissent dans les pores du menstrue, de manière à former un fluide unique. Mais cette division des parties qui constituent le tout ne saurait s'effectuer si la liqueur chargée de dissoudre ou de diviser ne pénétrait les pores du corps à dissoudre. Il en résulte évidemment que tout dissolvant doit être formé de parties qui, par leur figure et leurs dimensions, conviennent aux pores du corps à dissoudre ; une liqueur donnée ne pourra donc dissoudre tous les corps, mais seulement certains corps. »

« D'ailleurs, un corps quelconque est construit et tissu de particules qui ne sont pas toutes semblables entre elles, mais au contraire fort dissemblables ; ces particules ont des figures et des dimensions très différentes ; les variations de la texture, de la position et de la disposition de ces particules donnent à un même corps des pores divers ; on en conclut sans peine qu'il doit exister divers menstrues dont les plus petites parties puissent pénétrer les pores de ce corps. »

« Cela posé, il est aisé de comprendre pourquoi l'eau forte dissout les métaux, mais non point la cire ou le soufre... »

---

(1) STAHL, *Fundamenta Chymiæ*, pars II ; sectio I ; caput II : De solutione et menstruis.

Ne semble-t-il pas que cette page soit détachée du *Cours de Chymie* de Lémery ?

C'est encore à Lémery, et aussi à Boyle, que l'on songe lorsqu'on lit la classification des combinaisons établie par Stahl.

Les particules des divers *principes*, en s'unissant entre elles d'une manière très intime, forment une première classe de corps à laquelle Stahl réserve proprement le nom de *mixtes* (1) ; ainsi le *fer* est formé de sel, de soufre et de mercure, mais en certaines proportions ; le *sel acide du soufre* est formé de sel et d'eau. L'union des principes dans les mixtes est si intime et si forte (2) qu'il est extrê-mement difficile, sinon impossible de les séparer ; le mixte passe en totalité, sans se décomposer, d'un composé chi-mique à l'autre. L'or, par exemple, se dissoudra totale-ment à l'état de teinture, s'amalgamera en totalité au mercure, passera en totalité à l'état de composé salin, se volatilisera en totalité. Le vif-argent, traité par d'autres matières salines, passera « de tout son poids » sous forme de sel ; on pourra le revivifier intégralement, et quels que soient les réactifs par lesquels il aura été pré-cipité, fixé, extrait, on pourra très aisément, au moyen d'acides ou d'alcalis contraires, voire même au moyen d'un feu assez intense, lui faire abandonner la matière à laquelle

---

(1) STAHL, *Fundamenta Chymiæ*, pars II. — Tractatus II : Doctrinæ chy-micæ. Pars I, sectio III : De objecto chymiæ. Membrum I : De corruptione chymica.

(2) STAHL, *Fundamenta Chymiæ*, pars II. — Tractatus I ; sectio III : De combinatione mixtorum.

il s'était uni, et le ramener à sa forme première de vif-argent.

Lorsque les corpuscules de deux ou plusieurs mixtes s'unissent entre eux, ils forment un corps *composé* (1). Les corpuscules des mixtes qui forment un composé n'adhèrent pas les uns aux autres aussi fortement que les molécules des éléments au sein d'un mixte; aussi les composés peuvent-ils être séparés en leurs éléments ou les échanger entre eux.

Enfin, en s'unissant les unes aux autres pour former un corps d'étendue sensible, les molécules d'un même mixte ou d'un même composé constituent un *aggrégat*.

Avec Stahl, l'École Empirique allemande s'est ralliée nettement, on le voit de reste, à la notion de mixte issue des doctrines Atomistes et Cartésiennes.

L'École Empirique française s'autorisait volontiers des grands noms de Beccher et de Stahl. Mais elle pouvait à bon droit réclamer pour chef un chimiste qui ne le cédait point en originalité à ses émules allemands, celui qui, le premier, fixa avec précision les notions de base, d'acide et de sel neutre, Guillaume-François Rouelle, démonstrateur au Jardin du Roi.

Rouelle n'a guère publié que de courtes notes ; mais les écrits de ses élèves nous ont conservé sa pensée ; on en trouve, en particulier, un fidèle reflet dans les articles écrits pour l'*Encyclopédie* de Diderot et d'Alembert, par

_____

(1) Stahl, *Fundamenta Chymiæ*, pars II. — Tractatus II : Doctrinæ chymicæ. Pars I, sectio III : De objecto chymiæ. Membrum I : De corruptione chymica.

un disciple et ami de Rouelle, chimiste de talent lui-même, de Venel.

Dans ses cours où son talent de manipulateur, aussi bien que ses excentricités et ses violences de langage, attiraient un nombreux auditoire, Rouelle proclamait les droits de l'empirisme chimique et malmenait fort les théoriciens de la chimie. Les explications quelque peu puériles de Lémery et de ses continuateurs avaient fini par s'écrouler sous ses sarcasmes. « On n'a plus heureusement besoin, disait Venel (1), de combattre les entrelacemens, les introsusceptions, les crochets, les spyres et les autres chimères des chimistes du dernier siècle. » Mais la nouvelle chimie Newtonienne n'échappait pas davantage à sa critique. On en peut juger par les attaques acharnées d'un de ses élèves (2) contre « le système des affinités, belle chimère plus propre à amuser nos chimistes scolastiques qu'à avancer la science », attaques qui ne sont « qu'une insipide copie (3) des expressions échappées à un homme célèbre (4), dans la chaleur du discours, et par lesquelles il compromettait sa réputation, dans le temps même qu'il l'établissait par les services réels qu'il rendait d'ailleurs à la chimie ».

Tout en proclamant l'excellence de la chimie purement empirique, tout en affirmant que « la chymie n'est

---

(1) De Venel, article *Mixte et Mixtion* de l'*Encyclopédie* de Diderot et d'Alembert.

(2) Monnet, *Traité de la Dissolution des Métaux*. Amsterdam, 1775.

(3) Macquer, *Dictionnaire de Chimie*, seconde édition. Paris, 1778. Article *Affinité* (en note).

(4) Allusion à Rouelle.

qu'une collection de faits (1), la plupart sans liaison entre
eux ou indépendants les uns des autres », les disciples de
Rouelle n'ont pu s'empêcher de concevoir d'une certaine
manière l'acte de la mixtion et la constitution du mixte ;
et l'idée qu'ils s'en forment, ils l'empruntent à Stahl,
c'est-à-dire, en dernière analyse, à Lémery, à Boyle et
aux Épicuriens. N'est-ce pas évident à qui lit les passages
suivants (2)?

« La mixtion ne se fait que par *juxtaposition,* que par
adhésion superficiaire des principes, comme l'aggrégation se fait par pure adhésion des parties intégrantes d'in-
dividus chimiques. On n'a plus heureusement besoin de
combattre les entrelacemens, les introsusceptions, les crochets, les spyres et les autres chimères des physiciens et
des chimistes du dernier siècle. »

« La mixtion n'est exercée, ou n'a lieu, qu'entre les
parties solitaires, uniques, individuelles des principes, *fit
per minima...* »

« La cohésion mixtive est très intense ; le nœud qui
retient les principes des mixtes est très fort ; il résiste
à toutes les puissances méchaniques :... et même le
plus universel des agents chimiques, le feu, toute
l'énergie connue de son action dissociante, agit en vain
sur la *mixtion* la plus parfaite, sur un certain ordre de
corps chimiques composés. »

Au moment où les découvertes de Lavoisier vont déter-

---

(1) MONNET, *Traité de la Dissolution des Métaux*, préface.
(2) DE VENEL, article *Mixte et Mixtion* dans l'*Encyclopédie* de Diderot et
d'Alembert.

miner la révolution antiphlogistique d'où sortira la chimie moderne, deux Écoles sont aux prises, dont chacune
prétend connaître seule la vraie méthode ; l'une, séduite
par l'exemple de la mécanique céleste, tente de ramener
toutes les réactions à une mécanique chimique fondée sur
l'hypothèse de l'affinité ; l'autre, se riant de cette hâte à
vouloir réduire en système des faits encore mal connus,
proclame les droits exclusifs de l'expérience à l'étude des
combinaisons et des décompositions ; mais l'une et l'autre
s'accordent en un point ; chimistes–physiciens et chi-
mistes-empiriques conçoivent de la même manière la
constitution du *mixte* ; et la notion qu'ils admettent est,
dans ses traits essentiels, celle qu'avaient formée les atomistes de l'antique Hellade, celle qu'ont transmise les philosophes Épicuriens ou Cartésiens.

SECONDE PARTIE

DE LA RÉVOLUTION CHIMIQUE JUSQU'A NOS JOURS

CHAPITRE PREMIER

LE CORPS SIMPLE

La révolution antiphlogistique accomplie par Lavoisier est le point de départ des découvertes qui ont constitué la chimie moderne. Ces découvertes semblent avoir eu pour principal effet et, selon beaucoup de chimistes, pour véritable objet, de faire triompher, en la complétant et la précisant, la notion atomistique du mixte.

La loi de la *conservation de la masse* dans les combinaisons chimiques, si elle contribua indirectement à cette œuvre en rendant possibles toutes les recherches ultérieures, n'eut pas d'influence directe sur la notion de mixte. Il n'en fut pas de même de la théorie de la combustion et de la création d'une nouvelle nomenclature chimique, intimement liée à cette théorie, car elles fixèrent la notion du *corps chimiquement simple*.

Les anciens alchimistes supposaient tous les corps

formés des mêmes éléments, peu nombreux, mais diversement combinés ; ce point de départ admis, la transmutation des corps divers que nous offre la nature apparaissait comme possible ; pour beaucoup de corps, cette transmutation s'accomplissait aisément ; il n'était nullement insensé d'en poursuivre pour tous l'achèvement.

La renaissance scientifique se garda bien, tout d'abord, de condamner ces tentatives ; Bacon (1) assignait comme objet à la physique nouvelle : « de donner à l'argent la couleur de l'or ou un poids plus considérable…, ou la transparence à quelque pierre non diaphane, ou la ténacité au verre. »

Cependant les échecs continus et retentissants des alchimistes, acharnés à la transmutation des métaux, finirent par désiller les yeux des physiciens ; sans nier que tous les corps fussent composés des mêmes éléments peu nombreux, Boyle (2) osa le premier proclamer que, dans certains cas, les corpuscules élémentaires pouvaient s'unir d'une manière particulièrement intime, « former un nouveau corps doué d'une individualité aussi réelle que celle des corpuscules élémentaires avant leur union ; ni le feu, ni aucun moyen connu d'analyse, ne peut plus diviser ce corps de manière à séparer les corpuscules qui ont concouru à le former ; pas plus que ceux-ci ne peuvent, par les mêmes moyens, être subdivisés en d'autres particules ».

Nous avons vu Lémery, puis Stahl, puis de Venel,

---

(1) Bacon, *Novum Organum*, pars ædificans.
(2) Boyle, *The sceptical Chymist*, Part. II.

adopter l'idée de Boyle et l'appliquer aux métaux qui, à travers les foyers les plus chauds et les transformations chimiques les plus compliquées, gardent leur individualité. C'est de cette idée que l'École de Lavoisier s'est inspirée pour définir le corps chimiquement simple.

On ne recherchera plus si, pour le philosophe, la matière est réductible, à un seul principe ou à un petit nombre de principes, présents dans tous les corps. Toutes les fois qu'un corps aura résisté à tous les moyens connus d'analyse, on le nommera *corps simple,* et le chimiste se déclarera satisfait lorsqu'il aura résolu une substance en un certain nombre de tels corps simples.

Un tel corps n'est jamais que *provisoirement* simple : indécomposé jusqu'à ce jour, il peut céder demain à un nouveau moyen d'analyse ; la potasse et la soude étaient des corps simples jusqu'au jour où la pile voltaïque permit à Humphry Davy de réaliser les prévisions de Lavoisier et d'isoler le potassium et le sodium.

« Nous serions en contradiction avec tout ce que nous venons d'exposer, dit Lavoisier (1), si nous nous livrions à de grandes discussions sur les principes constituants des corps et sur leurs molécules élémentaires. Nous nous contenterons de regarder ici comme simples toutes les substances que nous ne pouvons pas décomposer, tout ce que nous obtenons en dernier résultat par l'analyse chi-

---

(1) LAVOISIER, *Mémoire sur la nécessité de réformer et de perfectionner la nomenclature de la Chimie,* lu à l'Assemblée publique de l'Académie royale des Sciences le 18 avril 1787. — In : *Méthode de nomenclature chimique,* proposée par MM. DE MORVEAU, LAVOISIER, BERTHOLLET, et DE FOURCROY, Paris, 1787.

DUHEM. 4

mique. Sans doute un jour ces substances, qui sont
simples pour nous, seront décomposées à leur tour, et
nous touchons probablement à cette époque pour la terre
siliceuse et pour les alkalis fixes ; mais notre imagination n'a pas dû devancer les faits, et nous n'avons pas dû
en dire plus que la nature ne nous en apprend. »

Plus tard, Lavoisier écrit (1) : « Tout ce qu'on peut
dire sur le nombre et la nature des élémens se borne
suivant moi à des discussions purement métaphysiques :
ce sont des problèmes indéterminés qu'on se propose de
résoudre, qui sont susceptibles d'une infinité de solu-
tions, mais dont il est très probable qu'aucune en particulier n'est d'accord avec la nature. Je me contenterai
donc de dire que si, par le nom d'élémens, nous enten-
dons désigner les molécules simples et indivisibles qui
composent les corps, il est probable que nous ne les connaissons pas : que si au contraire nous attachons au nom
d'élémens ou de principes des corps l'idée du dernier
terme auquel parvient l'analyse, toutes les substances que
nous n'avons encore pu décomposer par aucun moyen,
sont pour nous des élémens ; non pas que nous puissions
assurer que ces corps que nous regardons comme simples,
ne soient pas eux-mêmes composés de deux ou d'un
plus grand nombre de principes, mais puisque ces principes ne se séparent jamais, ou plutôt puisque nous
n'avons aucun moyen de les séparer, ils agissent à notre
égard à la manière des corps simples et nous ne devons

---

(1) Lavoisier, *Traité élémentaire de Chimie*, Discours préliminaire
(3e édition, tome I, p. xvi).

les supposer composés qu'au moment où l'expérience et l'observation nous en auront fourni la preuve. »

« Nous ne pouvons donc pas assurer, dit Lavoisier en un autre endroit (1), que ce que nous regardons comme simple aujourd'hui, le soit en effet ; tout ce que nous pouvons dire, c'est que telle substance est le terme actuel auquel arrive l'analyse chimique, et qu'elle ne peut plus se subdiviser au delà dans l'état actuel de nos connaissances. Il est à présumer que les terres cesseront bientôt d'être comptées au nombre des substances simples.....»

Le caractère empirique et provisoire de la définition du corps simple laisse le champ libre au philosophe dont les hypothèses, plus puissantes que les procédés de l'analyse chimique, veulent décomposer les corps qui ont résisté à tous les réactifs. Certaines de ces hypothèses sur l'unité de la matière ont joui d'une longue faveur ; telle la théorie de Prout, qui voulait que tous les corps fussent formés d'hydrogène condensé et qui ravit l'adhésion de l'illustre J.-B. Dumas. D'ailleurs, l'intérêt qu'ont excité, dans ces dernières années, les recherches relatives à l'*argentaurum* montrent que bien des chimistes ont conservé, comme Bacon, l'espoir « de donner à l'argent la couleur de l'or ou un poids plus considérable ». A coup sûr, l'idée que ces chimistes se font du corps simple ne diffère guère de la notion de mixte difficilement décomposable, définie par Boyle, par Lémery et par Stahl.

---

(1) Lavoisier, *Traité élémentaire de Chimie*, 3e édition, t. I, p. 194.

CHAPITRE II

LA LOI DES PROPORTIONS DÉFINIES

Ceux qui ont lu les auteurs du xviiᵉ siècle, et surtout du xviiiᵉ siècle, s'étonneraient volontiers que l'on attribue à Proust l'établissement de la loi des proportions définies; ces auteurs, en effet, semblent tous admettre, et plusieurs énoncent formellement cette vérité : lorsque deux corps se combinent entre eux, la masse de l'un est dans un rapport fixe avec la masse de l'autre.

Déjà, Jean Rey se demande (1) « pourquoy la chaux d'estain n'augmente en poids à l'infini, le feu pouvant estre infiniment continué, qui fournira toujours de cet air espez et pesant pour l'accroistre » ? Et il affirme que « la Nature par son inscrutable sagesse, s'est mise ici des barres qu'elle ne franchit jamais... Elle est religieuse de s'arrêter aux limites qu'elle se prescript une fois. Nostre chaux est de cette condition : L'air espez s'attache à elle et va adhérant peu à peu jusqu'aux plus minces de ses parties : ainsi son poids augmente du commencement jusques à la fin ; mais quand tout en est affublé, elle n'en sçauroit prendre d'avantage. Ne continuez plus votre calcination soubs cet espoir; vous perdriez vostre peine. »

_____

(1) Jean Rey, *Essays sur la recherche de la cause par laquelle l'estain et le plomb augmentent de poids quand on les calcine.* **Essay XXVI.**

Newton (1) sait qu'il faut une quantité déterminée d'eau-forte pour dissoudre une quantité déterminée d'un métal donné, de fer par exemple ; qu'il faut une plus grande quantité d'eau-forte pour dissoudre une certaine masse de fer qu'une même masse de cuivre ; une plus grande pour dissoudre une certaine masse de cuivre qu'une même masse d'argent.

Stahl (2) nomme *poids naturel, pondus naturæ*, la proportion qui doit exister entre les masses des ingrédients que l'on fait réagir pour obtenir un composé déterminé : « L'esprit de nitre ne s'empare de l'esprit-de-vin qu'autant que la masse du second est dans un rapport donné avec la masse du premier ; et il semble bien que ce soit là le poids naturel ; car si vous ajoutez une plus grande quantité d'esprit-de-vin, il ne se produira plus aucune combinaison spontanée ni aucun échauffement. »

Mais l'idée indiquée par Jean Rey, par Newton, par Stahl, prend une singulière force à la suite des recherches de Rouelle sur la formation des sels neutres ; à une masse déterminée de base il faut, pour former un sel neutre, unir une masse d'acide qui est à la première dans un rapport fixe ; si l'on ajoute un excès d'acide, il se mêlera, il s' « aggrégera » au sel formé ; il n'entrera pas dans la constitution de ce sel. De ces principes, peut-on imaginer énoncé plus clair que celui-ci, qui est dû à de Venel (3) ?

---

(1) Newton, *Optique*. Question XXXI.

(2) Stahl, *Fundamenta Chymiæ*, pars II. — Tractatus II : Doctrinæ chymicæ. Pars I, sectio II : De compositionibus. — Articulus I. Volatilium.

(3) De Venel, art. *Mixte et Mixtion* de l'*Encyclopédie* de Diderot et d'Alembert.

« Un caractère essentiel de la *mixtion*, caractère beaucoup plus général, puisqu'il est sans exception, c'est que
les principes qui concourent à la formation d'un *mixte*, y
concourent dans une certaine proportion fixe, une certaine
quantité numérique de parties déterminées, qui constitue
dans les mixtes artificiels ce que les chimistes appellent
point de saturation... L'observation générale sur la proportion des ingrédiens de la mixtion est un dogme d'é-
ternelle vérité, de vérité absolue, nominale. Nous n'appelons *mixtes* ou substances non *simples*, vraiment chimiques,
que celles qui sont si essentiellement, si nécessairement
composées, selon une proportion déterminée de principes,
que non seulement la soustraction ou la *suraddition* d'une
certaine quantité de tel ou tel principe changerait l'essence de cette substance ; mais même que l'excès d'un
principe quelconque est de fait inadmissible dans les mixtes, tant naturels qu'artificiels, et que la soustraction
d'une portion d'un certain principe est, par les définitions
ci-dessus exposées, la décomposition même, la destruction chimique d'une portion du mixte ; en sorte que si
d'une quantité donnée de nitre, on sépare une certaine quantité d'acide nitreux, il ne reste pas un nitre
moins chargé d'acide, mais un mélange de nitre parfait
comme auparavant, et d'alkali fixe, qui est l'autre principe du nitre, absolument nud, à qui l'acide auquel il était
joint a été entièrement enlevé. »

Ces lignes étaient écrites en 1765. Qui les a lues ne
s'étonne plus d'entendre Lavoisier affirmer (1) « qu'il faut

_____

(1) Lavoisier. *Traité élémentaire de Chimie*, 3ᵉ édition, t. I, p. 68.

72 parties d'oxygène en poids, pour en saturer 28 de charbon et que l'acide aëriforme, qui est produit, a une pesanteur justement égale à la somme des poids du charbon et de l'oxygène qui ont servi à le former »; enseigner (1) que « l'eau est composée d'oxygène et de la base d'un gaz inflammable dans la proportion de 83 parties contre 15 »; de voir Bergmann se livrer à des analyses nombreuses et soignées qui supposent une croyance implicite à la fixité de composition des substances analysées.

Devons-nous donc admettre que la loi des proportions définies ait été pleinement connue et admise dès le temps de Rouelle ? Que Berthollet, en la contestant, ait tenté un inexplicable retour en arrière ? Que Proust ait eu pour seul mérite de démontrer à nouveau ce que l'on savait avant lui ? Nous nous laisserions piper par les apparences; nous laisserions passer, incomprise, l'une des transformations les plus profondes qu'ait subies la notion de mixte, celle qui a conduit les chimistes à distinguer le mélange physique de la combinaison chimique.

Revenons aux *Essays* de Jean Rey et à la réponse (2) que le médecin périgourdin fait à cette question : *Pourquoy la chaux n'augmente en poids à l'infini ?* « Car pourquoy (dira-t-on) n'accroistra infiniment la chaux, le feu pouvant estre infiniment continué, qui fournira tousjours cet air espez et pesant pour l'accroistre ? Je me développe de cette difficulté, qui pourrait enlacer quelqu'un des moins subtils; en remarquant que toute matière qui

---

(1) LAVOISIER, *Ibid.*, p. 94.

(2) Jean REY, *Essays sur la recherche de la cause par laquelle l'estain et le plomb augmentent de poids quand on les calcine.* Essay XXVI.

s'accroist par addition d'une autre, est ou solide, ou liquide ; et que le meslange se fait entre elles de trois façons. Car ou la matière solide se mesle avecques la solide, ou la liquide avecques la liquide, ou celle-ci avecques l'autre. Le meslange et accroissement qui se fait ès deux premières façons ne reçoit point de bornes. Meslez avec ce sable, et y joignez tousjours d'autre sable, vous l'irez sans fin augmentant. Meslez avec ce vin, et y versez toujours d'autre vin, vous n'aurez jamais achevé. Il n'est pas de même de la tierce façon, quand on adjouste et mesle une matière liquide avec une solide : telle addition meslangée ne croistra pas tousjours, n'ira point à l'infini. La nature par son inscrutable sagesse, s'est ici mise des barres qu'elle ne franchit jamais. Meslez de l'eau avec le sable ou la farine, ils s'en couvriront totalement jusqu'à la moindre de leurs parcelles : versez en d'avantage, ils n'en prendront plus : et les retirant de l'eau, ils n'en porteront que ce qui leur adhère et qui suffit à les enceindre justement. Replongez les cent et cent fois, ils n'en sortiront pas mieux chargez ; et les laissez dedans à repos, ils quitteront le superflu et iront à fonds par eux-mesmes ; tant la nature est religieuse de s'arrêter aux limites qu'elle se prescript une fois. Nostre chaux est de cette condition...»

L'idée qu'exprime, sous une forme quelque peu naïve, cette page de Jean Rey, ne la retrouvons-nous pas, précisée par l'hypothèse de l'attraction moléculaire, dans l'*Optique* de Newton ?

Selon Newton (1), lorsqu'une particule d'un corps

_____

(1) NEWTON, *Optique*. Question XXXI.

qui exerce une attraction sur les particules d'un autre corps, s'est entourée d'un certain nombre de ces particules, son action cesse de se faire sentir sur les autres particules de même espèce, dont elle est désormais trop distante ; elle est alors *saturée* et la combinaison prend fin.

« Pourquoi le sel de tartre, après qu'il a extrait de l'air une certaine quantité de vapeur d'eau, proportionnelle à sa masse, cesse-t-il de s'imbiber, sinon parce que, saturé d'eau, il n'exerce plus d'attraction sur les particules de la vapeur d'eau?... N'est-ce pas à une force attractive de ce genre, mutuelle entre les particules de l'huile de vitriol et les particules de l'eau, qu'il faut attribuer ce fait que l'huile de vitriol enlève à l'air une assez grande quantité d'eau, tandis qu'une fois saturée, elle cesse d'en absorber davantage ? »

Le nombre des particules du second corps que retient une particule du premier corps est d'autant plus grand que l'attraction exercée par le premier corps sur le second est plus intense ; nous pouvons donc juger de la force d'attraction d'un premier corps sur un second par la masse de ce second corps qu'il faut employer pour saturer le premier. Nous avons vu que les particules de l'eau-forte étaient plus énergiquement attirées par le fer que par le cuivre, par le cuivre que par l'argent ou le vif-argent. « N'est-ce pas à cette cause que nous devons attribuer ce fait qu'il faut une plus grande quantité d'eau-forte pour dissoudre et saturer le fer que le cuivre, et qu'il en faut une plus grande quantité pour saturer le cuivre que pour saturer les autres métaux ? »

Newton compare donc la limitation que l'on observe

dans les réactions chimique à la saturation qui se manifeste dans les phénomènes de dissolution les plus com-
muns, par exemple lorsqu'on dissout le sel marin dans
l'eau.

D'une manière plus nette encore, les chimistes de
l'École Empirique marquent ce rapprochement.

« Entre le dissolvant et le corps à dissoudre, dit
Stahl(1), une proportion fixe est toujours requise ; ainsi, par
exemple, une livre de camphre exige toujours au moins
deux livres de menstrue : de même, une quantité déterminée d'eau-forte dissout seulement une quantité déterminée
d'argent ; une quantité déterminée d'eau dissout seulement une quantité déterminée de sel. »

Et de Venel (2), interprète des idées de Rouelle, écrit,
à la suite du passage rapporté plus haut : « Tous les
menstrues entrent en mixtion réelle avec les corps·qu'ils
dissolvent, mais l'énergie de tous les menstrues est bornée
à la dissolution d'une quantité déterminée du corps à dissoudre ; l'eau, une fois *saturée* de sucre, ne dissout point
du nouveau sucre ; du sucre, jeté dans une dissolution
parfaitement saturée de sucre, y reste constamment, sous
le même degré de chaleur, dans son état de corps concret. Cette dernière circonstance rend le dogme que nous
proposons très manifeste, mais elle ne peut s'observer que
lorsqu'on éprouve l'énergie des divers menstrues sur les
corps concrets ou consistans ; car, lorsqu'on l'essaye sur

---

(1) STAHL, *Fundamenta Chymiæ*, Pars II. — Tractatus I. — Sect. I,
cap. I : De natura fluidi et solidi.

(2) DE VENEL, art. *Mixte et Mixtion* de l'*Encyclopédie* de Diderot et
d'Alembert.

des liquides, ce n'est pas la même chose, et quelques excès d'*alkali résout* qu'on verse dans de l'esprit de vinaigre, par exemple, il ne paraît pas sensiblement qu'une partie de la liqueur soit rejetée de la mixtion. Elle l'est pourtant, en effet, et la chimie a des moyens simples pour démontrer, dans les cas pareils, la moindre portion excédante ou superflue de l'un des principes : et cette portion excédante n'en est pas plus unie avec le mixte pour nager dans la même liqueur que lui. Car deux liqueurs capables de se mêler parfaitement, et qui sont actuellement mêlées très parfaitement, ne sont pas pour cela en mixtion ensemble...»

« Il est évident que toutes ces unions de liquides aqueux sont de vraies, de pures aggrégations. Une certaine quantité d'eau s'unit par le lien d'une vraie mixtion à une quantité déterminée de sel, et constitue un liquide aqueux qui est un vrai mixte. Cela est prouvé, entre autres choses, en ce que dès qu'on soustrait une portion de cette eau, une portion du mixte périt ; on a, au lieu du *mixte aqueo-salin,* appelé *lessive, lixivium,* un corps concret, un crystal de sel. Mais toute l'eau qu'on peut surajouter à cette lessive proprement dite ne contracte avec elle que l'aggrégation ; c'est de l'eau qui s'unit à de l'eau ; et voilà pourquoi ce mélange n'a point de termes, point de proportion. »

Or, la quantité de sucre que peut dissoudre une quantité donnée d'eau est fixe dans des conditions données ; mais elle change lorsque ces conditions changent et dépend, en réalité, d'une foule de circonstances ; elle augmente lorsque la température s'élève (et de Venel le sait, car il a soin de préciser que la dissolution dont il parle est laissée *sous le même degré de chaleur*) ; elle varie si l'on mêle à l'eau quelque corps étranger, de l'esprit-de-vin par exemple.

Ce sont là des faits que l'observation la plus vulgaire enseigne aux empiriques. Ils s'accordent d'ailleurs le plus aisément du monde avec les diverses théories chimiques qui ont cours au xviiiᵉ siècle.

Stahl, qui s'en tient aux idées de Lémery, pense qu'une substance solide se dissout dans un menstrue quand les pores du menstrue ont une forme et une grandeur qui conviennent aux molécules de la substance à dissoudre (1). Celle-ci cesse donc de se dissoudre lorsque les pores du menstrue, encombrés de ses molécules, n'en peuvent plus recevoir de nouvelles.

Mais la chaleur élargit les pores des divers corps, tandis que le froid les resserre (2), et cela, par suite des mouvements différents des molécules d'éther, mouvements qui sont l'essence du chaud et du froid. Il est donc clair que, dans un menstrue donné, un solide donné deviendra plus soluble lorsque le degré de chaleur s'élèvera et moins soluble lorsque le degré de chaleur s'abaissera.

Il est clair aussi que si l'on mêle au dissolvant une substance étrangère, on obtiendra un nouveau liquide, dont les pores ne seront plus disposés de la même manière que dans le premier liquide ; un solide donné n'aura pas,

---

(1) STAHL, *Fundamenta Chymiæ*, Pars II. — Sect. I, Cap. ix : De præcipitatione. — Tractatus I, Sect. I, Cap. ii : De solutione et menstruis.

(2) STAHL, *Fundamenta Chymiæ*, Pars II, Proemium.

dans le nouveau menstrue, le même degré de solubilité que dans le menstrue primitif.

Les théories newtoniennes conduisent à des conclusions semblables.

Le nombre des molécules de sucre qu'une molécule d'eau peut retenir dans son voisinage ne dépend pas seulement de l'attraction que la molécule d'eau exerce sur les molécules de sucre groupées autour d'elles ; il dépend aussi des attractions par lesquelles les autres molécules du dissolvant sollicitent ces molécules de sucre, partant de la nature des molécules du dissolvant ; en mélangeant à l'eau un corps étranger, on fera varier la solubilité de sucre dans cette eau.

Le nombre de molécules de sucre qui s'amasseront autour d'une molécule d'eau sous l'action combinée de toutes les forces qui les sollicitent ne sera pas le même selon que ces molécules seront en repos ou animées d'un mouvement rapide ; or, c'est à un mouvement rapide des dernières particules des corps que Newton, comme Descartes, attribue la chaleur ; la solubilité du sucre dans l'eau variera donc avec la température.

Regarder le mouvement rapide des particules comme constituant l'essence de la chaleur, c'était, dans la philosophie de Newton, une trace de la physique cartésienne : à la suite des travaux de Black et de Crawford, cette trace s'effaça ; on regarda la chaleur comme l'effet d'un fluide impondérable, présent dans tous les corps, auquel la nouvelle nomenclature chimique donna le nom de *calorique* ; les molécules du calorique furent, comme les molécules des autres corps, douées d'actions attractives ou répulsives,

sensibles seulement à très petite distance. La limite de la
combinaison chimique est un état d'équilibre entre les
forces émanées des molécules matérielles et les forces
émanées du calorique :

« Les substances métalliques, dit Lavoisier (1), pendant leur calcination augmentent de poids à proportion de
l'oxygène qu'elles absorbent; en même temps elles perdent leur éclat métallique et se réduisent en une poudre ter-
reuse. Les métaux dans cet état ne doivent point être consi-
dérés comme entièrement saturés d'oxygène, par la raison
que leur action sur ce principe est balancée par la force
d'attraction qu'exerce sur lui le calorique. L'oxygène, dans
la calcination des métaux, obéit donc réellement à deux
forces, à celle exercée par le calorique, à celle exercée par
le métal : il ne tend à s'unir à ce dernier qu'en raison de
la différence de ces deux forces, de l'excès de l'une sur
l'autre. »

« Les métaux n'ont pas tous le même degré d'affinité
pour l'oxygène. L'or et l'argent, par exemple et même le
platine, ne peuvent l'enlever au calorique, à quelque degré
de chaleur que ce soit. Quant aux autres métaux, ils s'en
chargent d'une quantité plus ou moins grande; et en général, ils en absorbent jusqu'à ce que ce principe soit en
équilibre entre la force du calorique qui le retient et celle
du métal qui l'attire. Cet équilibre est une loi générale de
la nature dans toutes les combinaisons. »

La détermination de la quantité de sucre que peut tenir

---

(1) Lavoisier, *Traité élémentaire de Chimie*, IIIe partie, chap. vii, § VI
(3e édition, tome II, p. 127).

en suspens une quantité déterminée d'eau unie à une quantité déterminée de calorique ne fut plus qu'un problème de statique ; il n'était pas besoin de pousser bien loin la solution de ce problème pour prévoir que la quantité de sucre capable de se dissoudre dans cette quantité d'eau dépendait de la quantité de calorique qui s'y trouvait contenue.

« Ces phénomènes de la solution par le calorique, dit Lavoisier (1), se compliquent toujours plus ou moins avec ceux de la solution par l'eau. On en sera convaincu si l'on considère qu'on ne peut verser de l'eau sur le sel pour le dissoudre, sans employer réellement un dissolvant mixte, l'eau et le calorique : or, on peut distinguer plusieurs cas différents, suivant la nature et la manière d'être de chaque sel. Si, par exemple, un sel est très peu soluble par l'eau, et qu'il le soit beaucoup par le calorique, il est clair que ce sel sera très peu soluble à l'eau froide, et qu'il le sera beaucoup, au contraire, à l'eau chaude. »

En 1783, dans leur immortel *Mémoire sur la chaleur*, Lavoisier et Laplace (2) avaient ébauché la solution de tels problèmes de statique chimique et ils avaient ainsi obtenu des lois importantes touchant la dissolution des sels ou la formation de la glace au sein de l'eau acidulée.

Or Stahl rapprochait la saturation de l'eau par le sel ou par le sucre de la saturation de l'eau-forte par le fer ou

(1) LAVOISIER, *Traité élémentaire de Chimie*, III⁰ partie, chap. v, § I (3e édition, tome II, p. 39).

(2) LAVOISIER et DE LAPLACE, *Mémoire sur la chaleur*, lu à l'Académie des Sciences le 18 juin 1783. (*Mémoires de l'Académie des Sciences pour 1780*. Paris, 1784.)

par le cuivre ; si, pour saturer une quantité déterminée
d'eau, il faut y mêler une quantité de sucre qui dépend de
la température, qui dépend des corps étrangers surajoutés
à la dissolution, pourquoi la masse de cuivre que dissout
une masse donnée d'eau-forte ne dépendrait-elle pas de la
température, de la dilution de l'eau-forte, de toutes les
circonstances de la réaction ? Pour former un composé
saturé, les éléments se combinent dans une proportion qui
est fixe lorsque les conditions dans lesquelles la combinaison s'accomplit sont également fixes ; mais si ces conditions varient, la constitution du composé saturé peut
varier et doit en général varier. Il se peut que, dans certains cas, une combinaison ait une composition définie,
indépendante des circonstances dans lesquelles cette combinaison s'est formée ; mais ces cas sont assurément exceptionnels. Fixer les caractères particuliers auxquels on peut
reconnaître que l'on se trouve dans un tel cas ; découvrir,
hors de ces cas exceptionnels, l'influence que chacune des
conditions de la réaction exerce sur la composition du
produit obtenu, tel est le but de la *Statique chimique* dont
Lavoisier et Laplace ont esquissé la méthode.

Telle est la doctrine que Berthollet exposa, en 1799,
à l'Institut d'Égypte (1), qu'il soutint pendant plusieurs
années (2) avec autant de sagacité dans ses déductions
théoriques que d'habileté dans ses déterminations expéri-

---

(1) BERTHOLLET, *Recherches sur les lois de l'affinité.* (*Mémoires de l'Institut pour* 1799, pp. 1, 207 et 229.)

(2) BERTHOLLET, *Observations relatives à différents mémoires de Proust.*
(*Journal de physique,* t. LIX, pp. 347, 352 ; 1804.)

mentales, qu'il développa avec une admirable clarté dans
son *Essai de Statique chimique* (1).

« Nous devons, dit Berthollet en cet ouvrage, retrouver dans la combinaison les lois que nous avons observées
dans l'action chimique qui produit la dissolution... Les
chimistes, frappés de ce qu'ils trouvaient des proportions
déterminées dans plusieurs combinaisons, ont souvent
regardé comme une propriété générale des combinaisons
de se constituer dans des proportions constantes ; de sorte
que, selon eux, lorsqu'un seul neutre reçoit un excès
d'acide ou d'alcali, la substance homogène qui en résulte
est une dissolution du sel neutre dans une portion libre
d'acide ou d'alcali. »

« C'est une hypothèse qui n'a pour fondement qu'une
distinction entre la combinaison et la dissolution, et dans
laquelle on confond les propriétés qui causent une séparation avec l'affinité qui produit la combinaison ; mais il
faudra reconnaître les circonstances qui peuvent déterminer
les séparations des combinaisons dans un certain état, et
qui limitent la loi générale de l'affinité. »

La théorie de Berthollet était le corollaire naturel de
tout ce qu'avaient enseigné les chimistes du xviii⁸ siècle,
aussi bien les disciples de Newton que les adeptes de
l'École empirique, touchant la saturation chimique. Nier
cette théorie, soutenir que chaque combinaison chimique
a une composition fixe, spécifique, rigoureusement indépendante des conditions dans lesquelles cette combinaison

---

(1) Berthollet, *Essai de Statique chimique*, Iʳᵉ partie, p. 61. Paris,
1806.

Duhem.   5

a pris naissance, c'eût été produire une révolution profonde dans la motion de mixte.

Cette révolution, S.-L. Proust fut assez audacieux pour la tenter et assez heureux pour la réussir.

En 1799, Proust (1) remarqua que si l'on dissolvait dans un acide le carbonate de cuivre naturel pour le précipiter ensuite par un carbonate alcalin, on obtenait une quantité de carbonate de cuivre exactement égale à la quantité de carbonate naturel que l'on avait employée ; cette transformation n'a donc fait ni gagner, ni perdre trace d'acide carbonique ou d'oxyde de cuivre au sel mis en expérience ; le carbonate de cuivre préparé dans le laboratoire a donc même composition que le carbonate de cuivre formé, dans les entrailles de la terre, par des procédés certainement très différents de ceux qu'emploie le chimiste.

Généralisant cette découverte, Proust n'hésite pas à affirmer que toute combinaison chimique est caractérisée par une composition absolument fixe, spécifique, indépendante des conditions dans lesquelles la combinaison s'est formée. Toutes les fois que l'on a cru rencontrer des combinaisons à composition variable, on a eu affaire, en réalité, à des combinaisons impures auxquelles s'ajoutait un excès de l'un des composants, ou bien à un mélange de deux combinaisons distinctes des mêmes éléments.

« Ces proportions toujours invariables, dit Proust (2), ces attributs constants qui caractérisent les vrais composés

---

(1) Proust, *Recherches sur le Cuivre. (Annales de Chimie*, t. XXXII, p. 26, 1799.)

(2) Proust. *Recherches sur le Cuivre. (Annales de Chimie*, t. XXXII, p. 30, 1799.)

de l'art, ou ceux de la nature, en un mot ce *pondus naturæ* si bien vu par Stahl ; tout cela, dis-je, n'est pas plus au pouvoir du chimiste que la loi d'élection qui préside à toutes les combinaisons. »

Entre Proust et Berthollet, une discussion s'éleva. « Cette discussion (1), une des plus mémorables dont la science ait gardé le souvenir, se prolongea de 1799 à 1806, et fut soutenue de part et d'autre avec une puissance de raisonnement, un sentiment de respect pour la vérité et pour les convenances qui n'ont jamais été surpassés. » Elle se termina par la victoire des idées de Proust.

Quel bouleversement dans les principes admis jusque-là par tous les chimistes ! La saturation d'une combinaison chimique n'a plus aucune analogie avec la saturation d'une dissolution ; la concentration d'une dissolution saturée dépend de la température, des corps étrangers, de toutes les circonstances dans lesquelles s'accomplit l'acte de la dissolution ; au contraire, l'élévation ou l'abaissement de la température, la présence ou l'absence de corps étrangers peuvent favoriser ou gêner la production d'une combinaison chimique ; elles ne peuvent rien sur la composition de cette combinaison. Selon les conditions dans lesquelles on expérimente, il peut se produire de l'eau ou ne s'en pas former ; mais toutes les fois qu'il se forme de l'eau, cette eau provient d'une certaine masse d'hydrogène et d'une masse d'oxygène huit fois plus grande.

---

(1) Ad. WURTZ. *La Théorie atomique*, p. 5.

Désormais, on distinguera deux catégories de mixtes, irréductibles l'une à l'autre : la *combinaison chimique* et le *mélange physique* ; la loi des proportions définies, inapplicable aux mélanges physiques, tandis qu'elle s'applique rigoureusement aux combinaisons chimiques, sera le criterium qui permettra de les discerner.

CHAPITRE III

LA FORMULE CHIMIQUE BRUTE ET LES MASSES ÉQUIVALENTES

Non seulement chaque combinaison chimique a une composition parfaitement déterminée, mais encore les compositions des diverses combinaisons chimiques ne sont pas entièrement indépendantes les unes des autres ; tel est le résultat des travaux entrepris par Richter à la fin du xviiiᵉ siècle (1).

A une dissolution neutre de nitrate de baryte, mêlons une dissolution également neutre de sulfate de potasse ; il se précipite du sulfate neutre de baryte et la dissolution reste, elle aussi, parfaitement neutre ; elle contient du sulfate de potasse, sans aucun excès d'acide ni d'alcali ; ce fait, ou plutôt cette loi de la permanence de la neutralité dans les doubles décompositions salines, dont on pourrait citer beaucoup d'exemples, analogues au précédent, était encore, en 1777, inconnu de Wenzel ; il est le fondement des recherches de Richter.

Analysons l'observation que nous venons de rapporter.

_____

(1) RICHTER, *Anfangsgründe der Stöchyometrie oder Messkunst chemischer Elemente*, 1792-1793. — *Mittheilungen über die neueren Gegenständen der Chemie*, 4ᵉ fasc., 1795.

Il s'est décomposé assez de nitrate de baryte pour que la baryte obtenue neutralise exactement l'acide sulfurique du sulfate de potasse ; en même temps, l'acide nitrique provenant de cette décomposition neutralise exactement la potasse du sulfate de potasse. Si donc nous prenons les masses d'acide sulfurique et d'acide nitrique qui neutralisent une même masse de baryte, ces masses d'acide sulfurique et d'acide nitrique neutraliseront aussi une même masse de potasse.

Plus généralement, considérons une série d'acides A_1, A_2, A_3... et une série de bases B_1, B_2, B_3... Un sel neutre, formé par l'acide A_1 et la base B_1, renferme une masse m_1 d'acide et une masse n_1 de base. Supposons que, pour neutraliser la masse m_1 de l'acide A_1, il faille respectivement des masses n_2, n_3..., des bases B_2, B_3... ; que, d'autre part, pour neutraliser la masse n_1 de la base B_1, il faille respectivement des masses m_2, m_3..., des acides A_2, A_3.., ; si l'on forme un sel neutre au moyen de l'acide A_p, et de la base B_q, on peut être certain que la masse de l'acide et la masse de la base y seront dans le rapport de m_p à n_q.

Ainsi, parmi les nombreux sels que l'on peut former en combinant chacun des acides A_1, A_2, A_3..., avec chacune des bases B_1, B_2, B_3..., il suffit d'analyser tous ceux que l'on peut former en combinant le seul acide A_1 avec chacune des bases B_1, B_2, B_3..., et aussi tous ceux que l'on peut former en combinant la seule base B_1 avec chacun des acides A_1, A_2, A_3..., pour que la composition de tous les autres soit connue d'avance.

Berthollet, qui, par Fischer, a connu la découverte

de Richter et qui, avec Guyton de Morveau, a été des premiers à en saisir la portée, l'apprécie en ces termes (1) : « Les observations précédentes me paraissent conduire nécessairement à cette conséquence que je n'ai fait qu'indiquer dans mes recherches sur les lois de l'affinité, mais que Richter a établie positivemeut, savoir que les différents acides suivent des proportions correspondantes avec les différentes bases alcalines pour parvenir à un état neutre de combinaison : cette conclusion peut être d'une grande utilité pour vérifier les expériences qui sont faites sur les proportions des éléments des sels et même pour déterminer celles sur lesquelles l'expérience n'a pas encore prononcé et pour établir la méthode la plus sûre et la plus facile pour remplir cet objet si important pour la chimie. »

Il est clair que la loi découverte par Richter pourrait encore s'énoncer ainsi :

Considérons une série d'acides et de bases

$$A_1, A_2, A_3\ldots, B_1, B_2, B_3\ldots$$

A chacun de ces corps nous pouvons faire correspondre un des nombre de la série

$$m_1, m_2, m_3\ldots, n_1, n_2, n_3\ldots$$

Toutes les fois que l'un de ces acides — soit A_p — se combinera avec une de ces bases — soit B_q — la masse de l'acide entrant en combinaison sera à la masse de la base comme m_p est à n_q.

Mise sous cette forme, cette loi suggère immédiate-

---

(1) BERTHOLLET, *Essai de Statique chimique*, t. I, p. 134, 1803.

ment l'idée d'une loi analogue, applicable non plus aux
sels neutres formés par l'union des acides et des bases,
mais à toutes les combinaisons des corps simples entre
eux ; cette loi, que Richter appliquait déjà aux combinaisons de l'oxygène avec les métaux, peut s'énoncer ainsi :

Soient C_1, C_2, C_3, … *les divers corps simples de la
chimie ; à chacun de ces corps, nous pouvons faire correspondre un nombre approprié, de manière à obtenir la suite
de nombres* p_1, p_2, p_3,… *Si les deux corps* C_m, C_n *entrent
en combinaison, soit seuls, soit avec un ou plusieurs autres
corps, les masses de ces deux corps qui se combinent sont
entre elles dans le même rapport que les nombres* p_m, p_n.

Quelque précieuse que soit cette loi, il est bien clair
qu'elle n'est point complète et qu'elle appelle une modification.

Lorsque les deux corps C_m, C_n se combinent, les
masses de ces deux corps qui entrent en combinaison sont,
d'après la loi précédente, dans un rapport déterminé,
unique, le rapport des deux nombres p_m, p_n.

Or, les deux corps C_m, C_n peuvent former plusieurs
combinaisons distinctes ; en chacune d'elles, la composition est parfaitement déterminée, mais cette composition
varie de l'une à l'autre ; Lavoisier l'avait observé pour les
composés oxygénés du soufre et de l'azote, Richter pour
les oxydes du fer et du mercure, et, dans sa lutte contre
Berthollet, Proust l'avait démontré pour divers corps. Ces
faits sont inconciliables avec la loi de Richter, à moins
que l'on n'apporte à celle-ci une juste correction.

Cette correction, connue sous le nom de *loi des proportions multiples,* est l'œuvre de John Dalton.

Nous ne détaillerons pas ici l'histoire, assez incertaine, de la découverte de Dalton (1); nous aurons, du reste, à revenir sur les idées qui l'ont suggérée. Énonçons de suite cette découverte sous la forme que lui ont donnée les progrès de la chimie :

Soient C_1, C_2, C_3, ...*les divers corps simples ; à chacun de ces corps, nous pouvons faire correspondre un nombre approprié, dit* NOMBRE PROPORTIONNEL, *de manière à obtenir le tableau de nombres proportionnels :* p_1, p_2, p_3... *Si les corps* C_1, C_m, C_n,... *entrent en combinaison ensemble, les masses de ces corps qui se combinent sont entre elles comme* λ p_1, μ p_m, ν p_n,... λ, μ, ν,... *étant des* NOMBRES ENTIERS.

Par exemple, à l'hydrogène, à l'oxygène, à l'azote, au chlore,... on peut faire correspondre les nombres proportionnels 1 ; 16 ; 14 ; 35, 5. Lorsque l'azote se combine à l'oxygène pour former les divers oxydes d'azote que la chimie a découverts, les masses d'azote et d'oxygène qui s'unissent sont entre elles comme $\lambda \times 14$ et $\mu \times 16$, λ étant égal à 1 ou à 2 et μ à l'un des nombres 1, 2, 3, 4, 5, 7. Lorsque l'azote se combine à l'hydrogène, les masses de ces deux corps qui s'unissent pour former de l'ammoniaque sont entre elles comme 14 et 3×1. Lorsque l'oxygène se combine à l'hydrogène pour former de l'eau, les masses des deux gaz réagissants sont entre elles comme 16 et 2×1. Dans l'acide chlorhydrique, les

---

(1) On trouvera cette histoire dans Ad. WÜRTZ. *La Théorie atomique ;* ce livre et la préface que Würtz a mise en tête du *Dictionnaire de Chimie* doivent être lus par tous ceux qu'intéresse l'histoire des doctrines chimiques.

masses d'hydrogène et de chlore sont entre elles comme
1 et 35,5. Dans les combinaisons oxygénées du chlore,
les masses de chlore et d'oxygène sont entre elles comme
$\lambda \times 35, 5$ et $\mu \times 16$, λ étant égal à 1 ou à 2 et μ à l'un
des nombres 1, 2, 3, 4, 5, 7.

Dalton et ses contemporains ne se fussent pas con-
tentés d'introduire dans l'énoncé de la loi précédente les
mots *nombres entiers* ; ils eussent dit *nombres entiers simples* ; mais cette restriction, exacte au début de la chimie,
l'est devenue de moins en moins au fur et à mesure que la
chimie a étendu ses recherches ; en .particulier, les progrès de la chimie organique ont conduit, dans bien des
cas, à attribuer aux nombres entiers $\lambda, \mu, \nu, \ldots$ de grandes
valeurs ; le caractère de simplicité qui leur avait tout
d'abord été attribué a disparu ; comment, par exemple,
le retrouver dans la formule d'une paraffine, où les masses
de carbone et d'hydrogène combinées sont entre elles
comme λ fois le nombre proportionnel du carbone et μ
fois le nombre proportionnel de l'hydrogène, et où λ, μ
ont les valeurs suivantes : $\lambda = 27$, $\mu = 56$?

La loi que nous avons énoncée est le fondement sur
lequel repose l'emploi de la *formule chimique*.

Au lieu d'écrire constamment le nombre proportionnel de chaque corps simple, on le représente par une
lettre ou un symbole. Ainsi la lettre H représente le nombre proportionnel 1 de l'hydrogène, la lettre O le nombre
proportionnel 16 de l'oxygène, le symbole Cl le nombre
proportionnel 35,5 du chlore. Un tableau, placé au début
des traités de chimie, fait connaître le nombre que représente chacun de ces symboles et le corps simple auquel

il se rapporte ; on lit, par exemple, dans ce tableau :

$$\text{Hydrogène.} \quad . \quad . \quad . \quad . \quad \text{H} = 1,$$
$$\text{Oxygène.} \quad . \quad . \quad . \quad . \quad \text{O} = 16,$$
$$\text{Soufre.} \quad . \quad . \quad . \quad . \quad \text{S} = 32,$$
$$\text{Azote.} \quad . \quad . \quad , \quad . \quad . \quad \text{Az} = 14,$$
$$\text{Chlore.} \quad . \quad . \quad . \quad . \quad . \quad \text{Cl} = 35,5.$$

Ce tableau constitué, supposons que nous voulions représenter la composition d'un corps quelconque, par exemple d'un corps formé d'azote, d'oxygène et d'hydrogène. Les masses d'azote, d'oxygène, d'hydrogène que contient ce corps seront entre elles comme $\lambda \times 14$, $\mu \times 16$, $\nu \times 1$, λ, μ, ν étant trois nombres entiers. Alors, nous attribuerons à ce corps le symbole $Az^\lambda\, O^\mu\, H^\nu$, qui sera sa formule chimique. Ainsi l'acide nitrique s'obtient en combinant l'azote, l'oxygène, l'hydrogène dans le rapport des nombres, $14, 48 = 3 \times 16$ et 1 ; dès lors, l'acide nitrique aura pour formule chimique AzO^3H.

La formule d'un composé est-elle déterminée absolument et sans aucune équivoque lorsqu'on connaît, d'une part, la composition de ce corps et, d'autre part, les nombres proportionnels des éléments qu'il renferme ? Assurément non.

Par exemple, au lieu de dire que les masses d'azote, d'oxygène, d'hydrogène que renferme l'acide nitrique sont entre elles comme $14, 3 \times 16$ et 1, nous pouvons dire qu'elles sont entre elles comme $2 \times 14, 6 \times 16$ et 2×1, cas auquel la formule de l'acide nitrique sera $Az^2O^6H^2$; nous pouvons encore dire qu'elles sont entre elles comme $3 \times 14, 9 \times 16$ et 3×1, cas auquel la formule de l'acide nitrique sera $Az^3O^9H^3$.

Ainsi, sans changer les nombres proportionnels qui correspondent aux divers corps simples, on peut faire correspondre à un même composé plusieurs formules différentes ; chacune de ces formules se tire de la plus simple d'entre elles en multipliant par un même nombre les chiffres qui figurent en exposants dans celle-ci.

Mais il y a plus. Le nombre proportionnel d'un corps simple n'est point déterminé absolument et sans équivoque. Au lieu de prendre pour nombre proportionnel de l'oxygène le nombre 16, nous pourrons adopter le nombre 8. Nous pourrons, avec ce nouveau nombre, aussi bien qu'avec le premier, écrire les formules chimiques des corps qui renferment de l'oxygène : seulement, ces formules ne seront plus les mêmes. Les masses d'azote, d'oxygène, d'hydrogène que renferme l'acide nitrique sont entre elles comme 14, 6×8 et 1 ; la formule nouvelle de l'acide nitrique sera alors AzO^6H. Nous pourrons également prendre le nombre 32 pour nombre proportionnel de l'oxygène ; les masses d'azote, d'oxygène et d'hydrogène contenues dans l'acide nitrique étant entre elles comme 2×14, 3×32 et 2×1, nous devrons donner à l'acide nitrique la formule $Az^2O^3H^2$.

Ainsi, on peut remplacer le nombre proportionnel de chaque corps simple par un nombre obtenu en multipliant ou en divisant le premier par un nombre entier.

Les principes que nous venons d'établir peuvent donc suffire pour ... au temps de confusion ... l'hydrogène le nombre proportionnel ... le nombre 16 pour nombre proportionnel ... on peut attribuer à l'eau la formule

H^2O, tandis que ceux qui adoptent le nombre 8 pour nombre proportionnel de l'oxygène écriront la formule de l'eau HO ou H^2O^2; tandis que cette dernière formule représentera, pour les premiers chimistes, l'eau oxygénée.

Pour éviter cette confusion, il est nécessaire d'introduire dans la notation chimique une nouvelle convention. Cette convention, tous les chimistes l'ont implicitement admise et usitée; mais Laurent semble être le premier qui l'ait explicitement formulée (1).

Voici cette convention : *On choisira les nombres proportionnels des divers corps simples de manière que les composés chimiques* ANALOGUES *soient représentés par des formules analogues.*

Un exemple va nous montrer immédiatement comment cette convention permet de restreindre l'indétermination de la notation chimique.

Le nombre proportionnel de l'hydrogène étant supposé égal à 1, quel nombre proportionnel prendrons-nous pour le soufre? Le soufre admet pour nombre proportionnel l'un quelconque des nombres 8, 16, 32, 48, 64... A chacun de ces nombres correspond, pour l'acide sulfhydrique, une formule différente : HS^2, HS, H^2S, H^3S, H^4S... Si nous n'invoquons pas la convention précédente, notre choix demeure libre entre ces différentes formules; mais si nous acceptons la convention précédente, une règle lui est aussitôt imposée: L'acide sulfhydrique est analogue à l'eau; nous devons lui donner une formule semblable à celle de l'eau.

---

(1) LAURENT, *Méthode de Chimie*, pp. 3, 10, 16. Paris, 1854.

Si nous avons adopté pour l'oxygène le nombre proportionnel 8, nous avons donné à l'eau la formule HO ;
il nous faut alors donner à l'acide sulfhydrique la formule
HS et attribuer au soufre le nombre proportionnel 16. Si
nous avons adopté pour l'oxygène le nombre proportionnel 16, nous avons donné à l'eau la formule H^2O ; il nous
faut alors donner à l'acide sulfhydrique la formule H^2S et
attribuer au soufre le nombre proportionnel 32.

Ainsi, de ce fait que l'oxygène et le soufre, en s'unissant à l'hydrogène, donnent naissance à des composés
analogues, il résulte que les nombres proportionnels de
ces deux corps ne peuvent être choisis arbitrairement ;
lorsqu'on a choisi le nombre proportionnel de l'un, on a,
par cela même, fixé le nombre proportionnel de l'autre.
C'est une conclusion que nous pouvons généraliser en
disant :

*Lorsque deux corps simples peuvent, en s'unissant à un
même troisième corps, donner naissance à deux composés
analogues entre eux, si l'on a fixé le nombre proportionnel
de l'un de ces corps simples, le nombre proportionnel de
l'autre se trouve, par là même, fixé sans ambiguïté.*

Ces deux nombres proportionnels, ainsi liés l'un à
l'autre, sont dits *équivalents* entre eux ; ainsi le nombre 8
pour l'oxygène et le nombre 16 pour le soufre sont des
nombres proportionnels équivalents pour l'oxygène et
pour le soufre ; il en est de même du nombre 16 pour
l'oxygène et du nombre 32 pour le soufre.

La convention que nous avons formulée va-t-elle nous
permettre de bannir toute ambiguïté de la notation chimique ? Va-t-elle nous conduire à adopter un système

unique de nombres proportionnels, tous *équivalents* entre
eux ? Va-t-elle assurer la concordance des symboles
employés par les divers chimistes ?

Cet accord se heurte à une première difficulté. Pour
qu'il puisse résulter de la convention précédente, il faut
d'abord que tous les chimistes s'entendent pour regarder
comme analogues entre eux les mêmes composés chimiques. Or, cette entente n'a rien de nécessaire.

Tous les géomètres sont d'accord pour regarder tous
les angles droits comme égaux entre eux, ou pour déclarer
que d'un point pris hors d'une droite on ne peut abaisser
qu'une perpendiculaire sur cette droite ; et cet accord est
nécessaire ; en effet, on a défini sans ambiguïté ce que
c'était qu'un angle droit, ce que c'était qu'une perpendiculaire ; de ces définitions il résulte, par une déduction logique,
que tous les angles droits sont égaux, que d'un point on ne
peut abaisser qu'une perpendiculaire sur une droite ; en
sorte que si quelqu'un s'avisait de nier l'une ou l'autre de
ces propositions, on pourrait, par une suite de syllogismes
en bonne et due forme, l'acculer à une contradiction.

Au contraire, mis en présence de deux chimistes dont
l'un affirme l'analogie de deux corps et dont l'autre la nie,
je n'ai pas le droit de dire à l'un : ce que vous dites est
certain, et à l'autre : ce que vous soutenez est absurde.
Mon jugement sur le différend qui les partage ne peut pas
être raisonnablement formulé en termes aussi rigoureux.
Je puis seulement dire à l'un : j'approuve votre opinion ;
à l'autre : je ne suis pas de votre sentiment.

En effet, les composés qu'il s'agit de comparer ne sont
point, comme les figures dont traite la géométrie, des

êtres de raison, des abstractions que notre esprit combine au moyen d'autres abstractions et qu'il peut définir d'une manière adéquate en disant de quelle manière il les a composées. Ce sont des abstractions, il est vrai ; car lorsqu'un chimiste parle de l'eau ou de l'acide sulfhydrique, il n'entend parler d'aucune masse d'eau particulière, d'aucune masse d'acide sulfhydrique particulière. Mais, tirées de l'observation des corps concrets et particuliers par une généralisation intuitive, ces abstractions ne peuvent être définies. On ne peut pas plus définir *more geometrico* ce qu'on entend par eau ou acide sulfhydrique que ce qu'on entend par cheval ou par grenouille. Ces notions sont susceptibles de *description,* mais non de *définition.*

De même, la notion d'analogie découle d'une intuition inanalysable ; c'est une de ces notions indéfinissables que Pascal aurait rattachées à l'esprit de finesse et non à l'esprit géométrique ; auxquelles, cependant, il faut bien accorder une valeur scientifique sous peine de refuser le nom de science à des études telles que l'anatomie comparée. Il est impossible de marquer avec une précision qui exclut toute ambiguïté les caractères auxquels on reconnaît que deux corps sont ou ne sont pas analogues. En l'absence de toute définition, je manque de base pour construire un raisonnement propre à convaincre celui qui nie une analogie que j'admets ou qui admet une analogie que je nie ; en l'absence de toute définition, l'appréciation de l'analogie chimique demeure relative, personnelle, variable d'un chimiste à l'autre, d'une École à l'autre.

Assurément, il est des analogies si frappantes qu'aucun

chimiste sensé ne saurait les méconnaître ; il est des corps qui présentent de telles similitudes que personne n'hésitera à les rapprocher. Qui donc, par exemple, aurait l'idée de séparer les uns des autres les acides sulfhydrique, sélenhydrique et tellurhydrique ? ou bien encore les acides chlorhydrique, bromhydrique et iodhydrique ?

Mais il n'en est pas toujours ainsi. Un chimiste pourra, avec Dumas, trouver une certaine analogie entre l'acide sulfhydrique et l'acide chlorhydrique ; s'il a donné à l'acide chlorhydrique la formule HCl, il devra donner à l'acide sulfhydrique la formule HS. Un autre pourra nier l'analogie de ces deux acides et, tout en conservant pour l'acide chlorhydrique la formule HCl, attribuer à l'acide sulfhydrique une autre formule, H^2S par exemple. Encore une fois, la logique ne nous donnera aucun moyen de couper court à leur querelle.

Toutefois, si la logique est impuissante à contraindre deux chimistes de se mettre d'accord sur les caractères de l'analogie chimique, elle oblige au moins un chimiste à être d'accord avec lui-même au sujet de ces caractères.

Supposons, par exemple, qu'un chimiste ait énoncé, au début d'un traité, la règle suivante : Nous regarderons comme analogues des composés qui formeront des cristaux isomorphes. Le voilà obligé de regarder comme analogues les permanganates et les perchlorates, qui sont isomorphes ; de donner la même formule à l'acide perchlorique et à l'acide permanganique. Que si, après cela, au cours de son traité, nous le voyons donner à l'acide permanganique la formule Mn^2O^7 et à l'acide perchlorique la formule ClO^7, nous sommes en droit de lui dire : Vous péchez contre la logique ; cessez de regarder l'isomorphisme comme une marque certaine de l'analogie chimique ou bien donnez la même formule à l'acide permanganique et à l'acide perchlorique ; entre ces deux partis, vous êtes libre de choisir, mais vous êtes tenu de faire choix.

Tel est le seul moyen de conviction dont nous disposions pour trancher les discussions que soulève la fixation des formules chimiques ; ce moyen semble bien limité : sa puissance est, en réalité, bien plus grande qu'il ne paraît, tant il est rare qu'un esprit soit pleinement conséquent avec lui-même !

Supposons que, placés en présence de deux composés, tous les chimistes soient d'accord pour décider que ces deux composés sont analogues ou pour déclarer qu'ils ne le sont pas. En résulte-t-il que les nombres proportionnels de tous les corps simples, que les formules chimiques de tous les corps composés soient fixés sans laisser place à une seule divergence? Pas nécessairement, et ici une nouvelle difficulté se présente, qu'il nous faut examiner.

Voici un certain nombre de corps simples qui fournissent des composés dont l'analogie est indubitable. Avec J.-B. Dumas, nous les classons l'un auprès de l'autre dans une même famille naturelle : ce sont, par exemple, le fluor, le chlore, le brome et l'iode. La condition que nous nous sommes imposée, de représenter les composés analogues par des formules analogues, nous fixera les nombres proportionnels du fluor, du brome et de l'iode si nous nous donnons le nombre proportionnel du chlore ; si, par exemple, nous avons pris 35,5 pour nombre proportionnel du chlore, les nombres proportionnels du fluor, du brome et de l'iode, *équivalents* à 35,5 de chlore, seront 19, 80 et 127.

Voici maintenant une autre famille de corps simples qui donnent naissance à des composés ayant entre eux d'étroites analogies : ce sont, par exemple, l'oxygène, le soufre, le selenium, le tellure. Ici encore, si nous avons adopté pour l'oxygène un certain nombre proportionnel, nous serons obligés d'attribuer au soufre, au selenium, au tellure des nombres proportionnels bien déterminés, *équivalents* à celui qui a été pris pour l'oxygène.

Mais le choix de ce nombre proportionnel de l'oxygène est, jusqu'ici, arbitraire. Je puis prendre pour l'oxygène le nombre proportionnel 8 ; alors le soufre, le selenium, le tellure auront respectivement, pour nombre proportionnel *équivalent* à celui-là, les nombres 16, 40, 64 ; la formule de l'eau sera HO ; les acides sulfhydrique, sélenhydrique, tellurhydrique s'écriront HS, HSe, HTe. Je puis, au contraire, prendre pour l'oxygène le nombre proportionnel 16 ; les *équivalents* respectifs du soufre, du selenium, du tellure seront alors 32, 80, 128 ; la formule de l'eau sera H^2O ; les acides sulfhydrique, sélenhydrique, tellurhydrique s'écriront H^2S, H^2Se, H^2Te.

Voilà une indétermination. Peut-on la faire disparaître? La convention invoquée jusqu'ici y est impuissante s'il n'existe aucun lien entre la famille du chlore et la famille de l'oxygène ; si l'on ne peut trouver deux composés reconnus comme analogues par tous les chimistes, dont l'un contiendrait du fluor ou du chlore, tandis que l'autre contiendrait, de la même manière, de l'oxygène ou du soufre.

Lorsque la convention dont nous avons fait usage jusqu'ici devient illusoire, parce que les deux corps simples dont on veut comparer les nombres proportionnels ne se rencontrent jamais en deux composés analogues, bon nombre de chimistes font appel à une autre convention. à la *Règle d'Avogadro et d'Ampère*.

Pour trouver les origines de cette règle essentielle, il est nécessaire de remonter jusqu'aux origines de la chimie moderne. Lavoisier, en effet, a déjà observé (1) que pour produire le mélange tonnant qui forme l'eau, il faut introduire dans une bouteille « une partie du gaz oxygène, et ensuite deux de gaz hydrogène. » — Pour faire la synthèse de l'eau, selon la méthode qu'il a employée avec Meusnier (2), « on doit s'être prémuni d'avance d'une provision suffisante de gaz oxygène bien pur... On prépare avec le même soin le double de gaz hydrogène... » En 1805, Gay Lussac et de Humboldt confirmèrent cette vue, jetée par Lavoisier comme au hasard ; ils montrèrent que les volumes d'hydrogène et d'oxygène qui se combinent pour former de l'eau, étant mesurés à la même température et sous la même pression, sont exactement dans le rapport de 2 à 1. En 1809, Gay-Lussac (3) étendit cette observation ; il fit voir que lorsqu'on rapporte toutes les mesures à une même température et à une même pression, il existe un rapport simple non seulement entre les volumes de deux gaz qui se combinent, mais encore entre la somme

---

(1) Lavoisier, *Traité élémentaire de Chimie*, IIIᵉ édition, t. I, p. 95.
(2) Lavoisier, *Ibid.*, p. 98.
(3) Gay-Lussac, *Mémoires de la Société d'Arcueil*, t. I, 1809.

des volumes des gaz qui entrent en combinaison et le
volume qu'occupe la combinaison elle-même, prise à
l'état gazeux.

Cette loi est le fondement expérimental de la règle
d'Avogadro et d'Ampère.

Nous aurons plus loin à examiner les idées qui ont
conduit Avogadro et Ampère à poser cette règle ; pour le
moment, nous chercherons à la présenter sous une forme
qui soit indépendante de tout système sur la nature de la
combinaison chimique : et c'est à quoi nous parviendrons,
croyons-nous, en la présentant sous la forme suivante :

Supposons que l'on ait pris pour nombres proportionnels de l'hydrogène, de l'azote, de l'oxygène, les nombres
1, 14 et 16 ; la formule de l'acide nitrique est alors
AzO^3H. Cette formule peut, si l'on veut, s'interpréter de
la manière suivante : En combinant 14 grammes d'azote,
$3 \times 16 = 48$ grammes d'oxygène et 1 gramme d'hydrogène, on obtient $14 + 48 + 1 = 63$ grammes d'a-
cide nitrique ; on dit alors que 63 grammes est la *masse
moléculaire* de l'acide nitrique. D'une manière générale, si
l'on remplace le nombre proportionnel de chacun des
éléments d'un corps composé par un nombre égal de
grammes ; si l'on multiplie ce nombre de grammes par
l'entier qui, dans la formule du composé, sert d'exposant
au symbole du même élément ; si enfin on ajoute ensemble tous les produits ainsi obtenus, on obtient un nombre
de grammes qui est la masse moléculaire du composé
considéré. Sans nous attarder aux idées qui ont conduit à
choisir ce mot, idées que nous retrouvons plus loin, nous
le prendrons en ce moment comme une simple notation.

Considérons divers composés que les chimistes s'accordent à regarder comme analogues entre eux, par exemple l'acide chlorhydrique, l'acide bromhydrique, l'acide iodhydrique ; prenons, de chacun d'eux, une masse égale à sa masse moléculaire : 36,5 grammes d'acide chlorhydrique, 81 grammes d'acide bromhydrique, 128 grammes d'acide iodhydrique ; supposons enfin — ce qui a lieu pour les corps que nous venons de citer — que ces composés puissent, sans se résoudre en leurs éléments, être volatilisés et amenés au voisinage de cet état que les physiciens nomment l'*état gazeux parfait* ; nous constaterons qu'à une même température et sous une même pression ces diverses masses gazeuses occupent le même volume. En sorte qu'au lieu de se servir de l'analogie chimique pour établir une dépendance entre les formules de l'acide chlorhydrique, de l'acide bromhydrique et de l'acide iodhydrique, on aurait pu leur donner des formules telles que les masses moléculaires de ces divers gaz occupent le même volume dans les mêmes conditions de température et de pression.

Mais ce criterium offre l'avantage de pouvoir encore s'appliquer à des composés qui n'ont entre eux aucune analogie chimique. L'eau et l'acide chlorhydrique, par exemple, ne sont pas des composés analogues ; mais on peut leur attribuer des formules telles qu'à l'état gazeux parfait, la masse moléculaire de l'eau et la masse moléculaire de l'acide chlorhydrique occupent le même volume lorsqu'on les porte à la même température et qu'on les soumet à la même pression ; dès lors, si l'on a attribué au chlore le nombre proportionnel 35,5 et, partant, à l'acide chlorhydrique la formule HCl, l'eau devra être représentée par le symbole H^2O et l'oxygène aura forcément 16 pour nombre proportionnel.

Nous venons, dans un cas particulier, d'appliquer la règle d'Avogadro et d'Ampère qui s'énoncera, en général, de la manière suivante :

On fixera la formule chimique des divers corps composés de telle façon que les masses moléculaires de ces corps, amenées à l'état gazeux parfait, occupent toutes le même volume dans les mêmes conditions de température et de pression.

Cette règle, il est vrai, ne s'applique pas à tous les composés, mais seulement aux composés gazeux et encore, parmi ceux-ci, à ceux qui peuvent être amenés sans décomposition au voisinage de l'état parfait ; malgré cette restriction, les composés auxquels elle s'applique sont assez nombreux pour que l'on puisse établir des sortes de ponts entre les diverses familles de corps simples et trancher la plupart des cas litigieux que présente la fixation des nombres proportionnels équivalents.

Ce résultat, toutefois, ne peut être obtenu que si tous les chimistes reconnaissent la règle d'Avogadro et d'Ampère ; or cette règle a le caractère d'une simple convention ; sans pécher contre la logique, on peut l'accepter ou la rejeter.

Des Écoles chimiques, les unes prirent le premier parti, les autres le second ; la règle d'Avogadro et d'Ampère, au lieu de rétablir l'accord entre les diverses notations chimiques, devint l'objet de controverses ardentes, à peine éteintes aujourd'hui.

Il semble, dès lors, indiqué de revenir à la seule convention admise par tous les chimistes, à celle que Laurent a formellement énoncée, et de rechercher si cette règle ne suffirait pas à fixer les nombres proportionnels. Parmi les corps simples, on peut, comme Dumas l'a montré le premier, former des groupements naturels, des familles ; les corps qui composent un même groupement donnent naissance à de nombreuses combinaisons qui présentent entre elles d'étroites analogies, en sorte qu'au sein d'une même famille, la convention de Laurent s'applique sans peine. Mais, entre corps simples appartenant à deux familles différentes, n'existerait-il pas des liens d'analogie, à la vérité moins nombreux et plus déliés, reconnus cependant par tous les chimistes et permettant d'établir une équivalence entre les nombres proportionnels des corps de la première famille et les nombres proportionnels des corps de la seconde famille ? Il suffirait, à la rigueur, que l'on pût trouver deux composés analogues dont l'un renfermerait un corps de la première famille, remplacé, dans l'autre, par un corps de la seconde famille.

Dans la recherche de ces analogies capables, de relier entre eux les corps de deux familles différentes, le chimiste est singulièrement aidé par une loi découverte en 1819 par Mitscherlich, la loi de l'*Isomorphisme*.

Le phosphate et l'arséniate d'une même base présentent entre eux, la plupart du temps, les analogies chimiques les plus nettes, les moins contestables. Or, ces deux sels cristallisent exactement sous la même forme. Non seulement une dissolution de phosphate et une dissolution d'arséniate laissent déposer des cristaux de même forme, mais encore si l'on mélange les deux dissolutions, on obtiendra des cristaux où l'arséniate et le phosphate sont intimement mêlés, sans aucune proportion définie, et ces cristaux mixtes auront même forme que les cristaux purs d'arséniate ou de phosphate. Ce sont ces propriétés remarquables que l'on entend énoncer en disant que l'arséniate et le phosphate d'une même base sont *isomorphes*.

L'isomorphisme n'est pas particulier aux arséniates et aux phosphates ; Mitscherlich l'a retrouvé dans divers groupes formés par des combinaisons qui présentent entre elles d'étroites analogies. Ainsi les sulfates de la série magnésienne, en s'hydratant d'une manière analogue, fournissent des cristaux isomorphes.

Ces observations conduisaient à énoncer la règle suivante : *Toutes les fois que des combinaisons fournissent des cristaux isomorphes, elles sont chimiquement analogues, et, partant, doivent être représentées par la même formule.*

Les travaux de Mitscherlich et de ses successeurs n'ont cessé d'apporter à cette loi d'éclatantes confirmations ; toutes les fois qu'entre deux combinaisons on voit apparaître le caractère de l'isophormisme, on reconnaît que ces deux combinaisons présentent, au point de vue chimique, la plus grande ressemblance. Aussi l'isomorphisme est-il regardé par tous les chimistes comme une des marques les plus sûres auxquelles on puisse se fier pour reconnaître l'analogie chimique.

Dès 1826, Berzelius en fait usage pour réviser et modifier le système de nombres proportionnels qu'il avait proposé en 1812.

En 1813, il donnait à l'anhydride sulfurique la formule SO^3 et à l'anhydride chromique la formule CrO^6 ; mais les chromates sont isomorphes des sulfates correspondants et offrent avec eux d'étroites analogies ; l'anhydride chromique doit donc prendre une formule semblable à celle de l'acide sulfurique et s'écrire CrO^3. Dès lors, l'oxyde de chrome doit s'écrire Cr^2O^3 et, en raison de l'isomorphisme de l'alun de chrome avec l'alun ordinaire et l'alun de fer, l'alumine et peroxyde de fer doivent s'écrire Al^2O^3, Fe^2O^3. C'est ainsi que les *sesquioxydes* conquirent droit de cité en chimie.

Plus tard, Regnault (1) montrait comment l'isomorphisme de certains composés permettait de résoudre certains cas litigieux que présente la détermination des nombres proportionnels.

Tous les chimistes s'accordaient à donner au sous-oxyde de cuivre la formule Cu^2O et au sulfure correspondant la formule Cu^2S. Mais les uns écrivaient les formules AgO, AgS pour l'oxyde et le sulfure d'argent, tandis que les autres leur attribuaient les formules Ag^2O, Ag^2S. « Le sulfure d'argent naturel, dit Regnault, est isomorphe avec le sous-sulfure de cuivre naturel Cu^2S ; ces deux sulfures paraissent pouvoir se remplacer en toute proportion, par exemple dans le fahlerz. Nous avons dit que cet isomorphisme n'existait qu'entre des corps présentant les mêmes formules chimiques, et nous nous sommes fréquemment appuyés sur cette loi pour établir les équivalents des corps simples. Mais le sulfure d'argent présenterait

_____

(1) REGNAULT, *Cours élémentaire de Chimie*, 2e édition, t. II, p. 346.

une exception si nous écrivions sa formule AgS. Cette considération a déterminé plusieurs chimistes à donner au sulfure d'argent la formule Ag^2S, celle Ag^2O à notre protoxyde d'argent. Cette manière de voir est confirmée par plusieurs autres circonstances... Mais si l'on écrit la formule du sulfure d'argent Ag^2S et, par conséquent, celle de notre protoxyde d'argent Ag^2O, il faut écrire la formule de la soude Na^2O et non pas NaO, car nous avons vu que le sulfate d'argent était isomorphe avec le sulfate de soude ' anhydre. Les sels de potasse et de lithine étant isomorphes avec les sels correspondants de soude, lorsqu'ils renferment les mêmes quantités d'eau dè cristallisation, il faudra formuler la potasse K^2O et la lithine Li^2O, etc. »

Des considérations de ce genre permettent de relier entre eux par des relations d'équivalence les nombres proportionnels de la plupart des corps simples.

Tous les chimistes s'accordent à attribuer à l'acide chlorhydrique la formule HCl; le nombre proportionnel de l'hydrogène ayant été pris arbitrairement égal à l'unité, le nombre proportionnel du chlore se trouve fixé, et égal à 35,5; par là même se trouvent fixés les nombres proportionnels des corps de la famille du chlore : fluor, brome, iode.

Depuis longtemps, des chimistes avaient signalé l'analogie qui existe entre les composés oxygénés du chlore et les composés oxygénés de l'azote, particulièrement entre les chlorates et les nitrates ; en démontrant que ces sels sont isomorphes, Mallard a mis cette analogie hors de contestation ; or cette analogie fixe le nombre proportionnel de l'azote, qui devient égal à 14, et, par cet intermédiaire, les nombres proportionnels des corps de la famille de l'azote : phosphore, arsenic, antimoine, bismuth.

Entre chacune des deux familles précédentes de corps simples et les corps de la famille de l'oxyène, on peut trouver des analogies.

Les fluoxytungstates, les fluoxyniobates offrent d'étroites analogies avec les fluotungstates et les fluoniobates ; Marignac a prouvé que tous ces sels sont isomorphes entre eux. Par là, une relation d'équivalence est établie entre le nombre proportionnel du fluor et le nombre proportionnel de l'oxygène ; ce dernier prend forcément la valeur 16, ce qui donne aux nombres équivalents du soufre, du selenium, du tellure les valeurs 32, 80, 128.

D'autre part, le sulfoarséniure de cobalt (cobaltine), le sulfoarséniure de nickel (gersdorffite), le sulfo-antimoniure de nickel (ulmannite) ressemblent à s'y méprendre au sulfure de fer (pyrite) et au sulfure de manganèse (haüerite). De nombreux phénomènes d'isomorphisme, objets des études de Retgers, se manifestent en cette série de composés. De là une équivalence entre les nombres proportionnels de l'arsenic et de l'antimoine, d'une part, et le nombre proportionnel du soufre, d'autre part ; à ce dernier convient la valeur 32, déjà trouvée par une autre voie.

Ce ne sont pas seulement les diverses familles de métalloïdes que l'on peut ainsi relier les unes aux autres ; on peut également passer des métalloïdes aux métaux.

L'analogie, accompagnée d'isomorphisme, des perchlorates et des permanganates, fixe l'équivalent du manganèse ; l'analogie, accompagnée d'isomorphisme, des sulfates et des chromates, fixe l'équivalent du chrome.

Du manganèse, du chrome, on peut, suivant la voie déjà tracée par Berzelius, passer au fer ; le fer se relie au nickel, au cobalt, au magnésium, au calcium ; du calcium, par l'intermédiaire du baryum, on passe au plomb. Entre le sulfate de fer et les sulfates de cuivre se produisent des faits d'isomorphisme ; d'ailleurs, nous avons vu avec Regnault comment on pouvait passer du cuivre à l'argent et de l'argent aux métaux alcalins. Une foule d'équivalents se trouvent ainsi reliés, d'une manière rationnelle, aux deux nombres proportionnels de l'hydrogène et du chlore.

Est-ce à dire que tous ces corps se trouveront saisis dans ce réseau d'analogies, tissu par l'isomorphisme, dont nous venons de décrire quelques mailles ? Les faits chimiques connus jusqu'ici ne permettent point de le serrer tellement qu'il ne laisse échapper quelques groupes de corps. Pour relier la famille du carbone aux autres familles de métalloïdes, nous trouvons seulement le quasi-isomorphisme du nitrate de sodium et du carbonate de calcium, indice, entre ces corps, d'une analogie presque effacée ; le mercure, dont les sels ne sont isomorphes avec aucun autre composé, demeure isolé parmi les métaux.

Mais la règle d'Avogadro et d'Ampère, si vivement contestée, prend, par cette analyse minutieuse d'analogies chimiques, une singulière autorité ; tous les litiges, en effet, qui ont été tranchés par la loi de l'isomorphisme, l'ont été dans le même sens que si l'on eût appliqué cette règle ; confirmée maintenant par un nombre immense d'exemples, elle s'impose à tous les chimistes sensés ; il serait puéril de n'en pas faire usage pour résoudre les quelques cas douteux que peut encore offrir la détermination des *nombres proportionnels équivalents entre eux*. Le tableau de ces nombres se trouve ainsi définitivement arrêté ; sous le nom de tableau des *poids atomiques* des éléments, il est inscrit aujourd'hui en tête de tous les traités de Chimie.

CHAPITRE IV

Nous venons de voir par quelle suite d'idées, à une notion confuse et indéfinissable, la notion d'*analogie chimique*, les chimistes avaient fait correspondre une représentation d'une netteté mathématique, la *formule chimique* ou, pour parler d'une manière plus précise, la *formule chimique brute*.

Nous allons maintenant assister au développement d'une notion nouvelle, celle de *substitution chimique* : liée d'abord à la notion d'analogie chimique au point de se fondre en celle-ci, elle s'en est graduellement séparée jusqu'à en devenir absolument indépendante ; comme l'analogie chimique, elle est une de ces notions confuses, indéfinissables, qui se sentent, mais ne se concluent pas ; comme l'analogie chimique, elle sera représentée par un symbole d'une netteté mathématique, par un certain arrangement de signes qui constituera la *formule chimique développée* ou *formule de constitution*.

Lorsque, dans une dissolution de sulfate de cuivre, on plonge une lame de zinc, le cuivre est précipité et le sulfate de cuivre que renfermait la dissolution est remplacé par du sulfate de zinc. Cette substitution d'un métal à un autre dans une dissolution saline est le plus anciennement connu des phénomènes de substitution. Pendant longtemps, ces phénomènes de substitution furent regardés comme des marques de l'analogie chimique. Le zinc était un corps analogue au cuivre ; il se substituait à celui-ci dans le sulfate de cuivre pour donner un corps analogue à ce dernier sel.

La substitution d'un corps à un autre dans un composé chimique était donc regardée comme une marque d'analogie chimique, tant entre les corps qui se substituent l'un à l'autre qu'entre les composés qui dérivent l'un de l'autre par cette substitution, les masses de deux corps qui sont susceptibles de se substituer l'une à l'autre devaient, dès lors, être proportionnelles aux équivalents de ces deux corps ; deux composés dérivant l'un de l'autre par substitution devaient être représentés par des formules semblables.

Ainsi, dans l'exemple que nous venons de citer, 32^{gr}, 50 de zinc remplacent 31^{gr}, 75 de cuivre ; les nombres équivalents du zinc et du cuivre doivent donc être entre eux comme 32,50 et 31,75 ; le sulfate de cuivre et le sulfate de zinc doivent être représentés par des formules analogues.

Les progrès de la chimie ont modifié cette manière de voir ; le fait que deux composés dérivent l'un de l'autre par substitution n'est plus regardé comme une marque d'analogie chimique entre ces composés ; les masses de deux corps qui se substituent l'une à l'autre ne sont pas toujours proportionnelles aux nombres équivalents de ces deux corps, tels qu'on les reçoit communément aujourd'hui sous le nom de *poids atomiques*.

Ainsi une lame de cuivre, plongée dans une solution de nitrate d'argent, précipite l'argent et donne du nitrate de cuivre ; $31^{gr},75$ de cuivre se substituent à 108 grammes d'argent. Dalton, Wollaston, Gay-Lussac, Gmelin, Dumas admettaient que les équivalents du cuivre et de l'argent étaient dans le même rapport que les nombres $31,75$ et 108 ; ils regardaient le nitrate d'argent comme analogue au nitrate de cuivre ; ils donnaient à ces deux corps des formules brutes semblables : $AgAzO^6$, $CuAzO^6$.

Aujourd'hui, on ne regarde plus le nitrate d'argent comme analogue au nitrate *cuivrique* ; pour des raisons qui ont été indiquées plus haut, les sels d'argent sont regardés comme analogues aux sels *cuivreux,* dont chacun renferme, pour une même dose d'acide, deux fois plus de cuivre que le sel cuivrique correspondant ; le nitrate d'argent et le nitrate cuivrique ne sont plus représentés par des formules semblables ; on donne à l'un la formule $AgAzO^3$, à l'autre la formule $CuAz^2O^6$. Les nombres équivalents (poids atomiques), aujourd'hui adoptés pour le cuivre et l'argent, sont proportionnels non pas aux nombres $31,75$ et 108, mais aux nombres $31,75 \times 2 = 63,50$ et 108.

Cette séparation entre la notion de substitution et la notion d'analogie chimique s'est effectuée par de lents progrès ; esquissons brièvement l'histoire de ces progrès.

Le premier effort pour séparer l'idée de la substitution chimique et l'idée de l'analogie chimique a consisté à prouver que deux éléments auxquels les chimistes attribuaient un rôle absolument différent, qu'ils plaçaient, pour ainsi dire, aux deux antipodes de la classification chimique, savoir le chlore et l'hydrogène, étaient susceptibles de se substituer l'un à l'autre. Cette découverte, une des plus étonnantes et des plus fécondes qui aient été faites en chimie, est due à J.-B. Dumas.

En faisant passer un courant de chlore dans l'alcool, Liebig avait obtenu un liquide auquel il avait donné le nom de *chloral*, nom qui, sans rien préjuger de la consti-tution de ce composé, rappelait les circonstances de sa formation. En 1834, Dumas reprit l'étude de cette réac-tion ; il détermina exactement la composition du chloral, et le résultat de cette détermination fut le suivant : le chloral diffère de l'alcool par cinq équivalents (1) d'hydro-gène en moins et par trois équivalents de chlore en plus.

Il fallait le génie de Dumas pour saisir dans ce seul résultat la trace du phénomène de substitution, alors que ce phénomène y est masqué, dissimulé par un phénomène accessoire. Du fait qu'il avait étudié, par une induction hardie, Dumas tira la loi suivante :

Quand un corps peut être regardé comme un hydrate, — et c'est justement le cas de l'alcool, — le chlore com-mence par lui enlever l'hydrogène provenant de l'eau qu'il contient sans se combiner au composé qui résulte de cette réaction ; si l'on continue à faire agir le chlore sur le corps partiellement déshydrogéné qui est ainsi obtenu, le chlore déplace l'hydrogène restant, mais *en se substituant à lui* équivalent par équivalent. Si au lieu de prendre un corps hydraté, on avait fait agir le chlore

---

(1) Nous continuons à employer le mot *équivalent* dans le sens où l'on dit aujourd'hui *poids atomique* ou *atome*. On verra bientôt l'avantage de cette substitution.

sur un corps anhydre contenant de l'hydrogène, le phénomène de substitution se serait produit tout d'abord.

Il nous est difficile aujourd'hui de concevoir exactement l'audace qu'il fallait à Dumas pour lancer une pareille affirmation. A ce moment, la théorie électrochimique de Berzélius régnait sans conteste. Selon cette théorie, la combinaison chimique est une manifestation de l'attraction que l'électricité positive exerce sur l'électricité négative. Parmi les corps simples, les uns sont électrisés positivement : ce sont l'hydrogène et les métaux ; les autres sont électrisés négativement : ce sont les métalloïdes. Dans une combinaison, la charge positive d'un métal est attirée par une force qui maintient ce métal au sein de la combinaison ; un autre métal plus fortement chargé d'électricité positive que le premier, partant, attiré plus énergiquement que le premier, pourra le déplacer et se substituer à lui. Mais là où l'hydrogène électropositif est maintenu par une attraction, le chlore électronégatif ne peut être que repoussé ; il est donc impossible que le chlore vienne, dans une combinaison, occuper la place de l'hydrogène ; la substitution de ces deux éléments l'un à l'autre est une absurdité.

A la suite de Dumas, dans la lutte contre la théorie régnante, s'était engagé un chimiste prompt à mener jusqu'au bout les conséquences logiques d'une idée : c'était Laurent. Poussant plus loin encore que Dumas la négation des idées électrochimiques, il affirmait que non seulement le chlore peut se substituer équivalent par équivalent à l'hydrogène, mais que, de plus, les composés qui se transforment l'un en l'autre par une semblable substitution sont analogues entre eux. Il fondait cette affirmation sur la comparaison des dérivés chlorés de la naphtaline avec le carbure d'hydrogène qui leur a donné naissance.

A l'appui de l'idée de Laurent, Dumas apporta, en 1839, un argument sans réplique : la découverte de l'acide trichloracétique.

Dans un flacon rempli de chlore sec, introduisons une petite quantité d'acide acétique cristallisable et exposons le tout à la lumière solaire. Au bout d'un certain temps, les parois du flacon sont recouvertes de cristaux. Ces cristaux, analysés, ont une composition qui diffère de celle de l'acide acétique par trois équivalents d'hydrogène en moins et trois équivalents de chlore en plus. Comme l'acide acétique, le corps qui forme ces cristaux est un acide monobasique. Il neutralise les bases en formant des sels dont la constitution et les propriétés sont entièrement semblables à la constitution et aux propriétés des acétates correspondants. En résumé, malgré la différence radicale des éléments qui se sont substitués l'un à l'autre, il est impossible de trouver deux corps plus semblables que l'acide acétique et l'acide trichloracétique.

En 1844, Melsens donna son achèvement à la belle découverte de Dumas ; de même que le chlore peut se substituer à l'hydrogène de l'acide acétique pour former l'acide trichloracétique, de même l'hydrogène dégagé au contact de l'amalgame de sodium peut, par une substitution inverse, transformer l'acide trichloracétique en acide acétique.

Il était donc prouvé avec la dernière évidence que deux éléments extrêmement différents par l'ensemble de leurs propriétés chimiques peuvent se substituer l'un à l'autre dans une combinaison sans changer notablement les propriétés de cette combinaison, de même que deux métaux peuvent se substituer l'un à l'autre sans changer profondément les propriétés du sel au sein duquel s'effectue cette substitution.

L'idée de substitution, d'abord intimement liée à l'idée qu'il existe une analogie chimique, d'une part, entre les corps simples qui se substituent l'un à l'autre et, d'autre part, entre les corps composés qui dérivent l'un de l'autre par cette substitution, avait fait un premier progrès ; l'analogie des corps simples qui se remplacent n'était plus exigée par les chimistes pour qu'ils consentissent à regarder ce remplacement comme une substitution. Il restait à faire un nouveau progrès, à rendre l'idée de substitution indépendante de toute analogie entre les deux composés qui dérivent l'un de l'autre par la réaction chimique considérée. Ce progrès est dû à Regnault. Par ses études sur les dérivés chlorés de l'éther chlorhydrique et de la liqueur des Hollandais, il étendit la notion de substitution au point de regarder comme dérivant l'un de l'autre par substitution des corps dont les propriétés chimiques étaient profondément différentes.

La notion de *substitution chimique* était ainsi constituée comme une notion nouvelle, indépendante de la notion d'*analogie chimique*.

Ces deux notions sont distinctes, mais elles ont un caractère commun ; on ne peut pas plus définir la substitution chimique qu'on ne peut définir l'analogie chimique. Aussi, lorsque deux chimistes sont en litige au sujet d'une même réaction que l'un regarde comme une substitution tandis que l'autre refuse de la reconnaître comme telle, il n'est pas possible, par une suite de syllogismes, d'acculer l'un ou l'autre à une absurdité.

Lorsque, par exemple, Dumas présente l'acide trichloracétique comme dérivant de l'acide acétique par substitution du chlore à l'hydrogène, Berzélius refuse d'admettre cette idée ; il regarde l'acide trichloracétique comme un composé d'une tout autre nature que l'acide acétique. Assurément, on peut trouver sa résistance peu sage ; on peut objecter au chimiste suédois l'étrangeté et la stérilité de sa théorie, le caractère naturel et la fécondité des vues de Dumas. Mais peut-on le déclarer absurde, comme on déclare absurde un géomètre qui professe un théorème faux ? Non ; ce serait outrepasser les droits de la logique ; son obstination peut être puérile, déraisonnable ; elle n'est pas contradictoire.

Nous avons vu que la première action du chlore sur l'alcool consiste, d'après Dumas, à lui enlever deux équivalents d'hydrogène. Il se forme alors un composé, découvert par Liebig, qui l'a nommé *alcool deshydrogenatum* ou, par abréviation, *aldéhyde*. Ni Liebig, ni Dumas ne considéraient assurément l'aldéhyde comme dérivant par substitution de l'alcool ; quel corps, en effet, se serait substitué à l'hydrogène enlevé ? Or, aujourd'hui, les chimistes regardent l'aldéhyde comme dérivant de l'alcool par substitution d'un équivalent d'oxygène aux deux corps H et OH. A l'appui de cette opinion, ils font valoir d'excellentes raisons, et l'on ne serait pas sensé de lui préférer l'ancienne manière de voir de Liebig et de Dumas ; celle-ci cependant ne saurait être taxée d'*absurdité*.

CHAPITRE V

Deux composés dérivant l'un de l'autre par une substitution chimique ne sont pas forcément analogues ; ils ne sont pas forcément doués de la même *fonction chimique* ; le chlorure de potassium, qui est un sel neutre, dérive de l'acide chlorhydrique par substitution du potassium à l'hydrogène ; le chlorure d'azote, qui n'est nullement basique, dérive de l'ammoniaque par substitution du chlore à l'hydrogène. Pour désigner le caractère, distinct de l'analogie et de la fonction chimique, qui rapproche deux corps dérivés l'un de l'autre par substitution, Dumas proposa l'expression *type chimique* ; tous les composés qui dérivent les uns des autres, immédiatement ou médiatement, par voie de substitution d'un élément à un autre, appartiennent au même type chimique.

Mais devait-on borner la notion de type aux composés qui dérivent les uns des autres par la substitution d'un corps simple à un autre corps simple, par exemple, par la substitution du chlore à l'hydrogène ? Évidemment non : des faits chimiques, déjà classiques à l'époque où Dumas créait la notion de type chimique, montraient que cette notion ne pouvait être restreinte à ce point.

Gay-Lussac avait étudié les combinaisons du cyano-

gène. Ce gaz composé, formé de carbone et d'azote unis
en proportions équivalentes, agit dans une foule de circonstances comme un corps simple, le chlore; il fournit
avec les métaux des combinaisons qui ont souvent avec
les chlorures d'étroites analogies : les formules de ces
corps deviennent semblables si l'on y représente par un
symbole unique, Cy, l'ensemble CAz qui constitue le cyanogène. Par exemple, le chlorure de potassium est représenté par la formule KCl, le cyanure de potassium par la
formule KCy.

Les sels ammoniacaux sont tout à fait analogues, par
leurs propriétés chimiques, aux sels formés par le potassium ou le sodium; ils en sont souvent isomorphes ; leurs
formules deviennent semblables si l'on y remplace par un
seul symbole, Am, le groupe ou *radical* AzH^4, sur lequel
Ampère a attiré l'attention des chimistes et que Berzélius
a nommé l'ammonium. On peut dire que ce groupement
composé fonctionne absolument comme un corps simple,
comme un métal alcalin.

Le remplacement du chlore par le cyanogène, le remplacement du potassium ou du sodium par l'ammonium,
conservent, entre les composés que ce remplacement transforme l'un en l'autre, l'analogie chimique et la fonction
chimique : n'est-il pas naturel d'admettre qu'un pareil
remplacement conserve également le type chimique, qu'il
constitue une substitution, mais une substitution d'un
groupement composé à un corps simple, du groupement
CAz à l'élément Cl, du groupement AzH^4 à l'élément K ou
à l'élément Na?

Dumas élargit donc la notion de type chimique en

admettant que le type se conserve non seulement par la substitution d'un élément à un autre élément, mais encore par la substitution d'un groupe d'éléments à un élément ou de deux groupes d'éléments l'un à l'autre. Cette extension, Dumas en prouve la légitimité en faisant voir que, par l'action de l'acide nitrique sur un grand nombre de substances organiques, le groupe composé AzO^2 se substitue à l'hydrogène exactement comme le ferait le chlore.

Cette généralisation de la notion de type devait bientôt recevoir une confirmation éclatante par la découverte des ammoniaques composées : cette découverte fut faite en 1849 par Ad. Würtz.

En traitant l'acide cyanique par la potasse, on obtient de l'ammoniaque ; en traitant de même l'éther cyanique par la potasse, Würtz obtint un liquide volatil, doué d'une odeur piquante analogue à celle de l'ammoniaque, bleuissant la teinture de tournesol, se combinant directement aux hydracides pour former des sels très semblables aux sels ammoniacaux, se combinant aux oxacides avec élimination d'eau pour former encore des combinaisons très analogues aux sels ammoniacaux correspondants. Würtz regarda cette base comme de l'ammoniaque AzH^3 dans laquelle un équivalent d'hydrogène a disparu pour faire place à un groupement complexe, formé d'hydrogène et de carbone, le groupement C^2H^5, auquel les chimistes ont donné le nom d'*éthyle* ; il nomma cette base l'*éthylamine*.

Le groupe éthyle n'est pas le seul groupe formé de carbone et d'hydrogène qui puisse, dans l'ammoniaque, se substituer à un équivalent d'hydrogène ; par un procédé analogue à celui qui lui avait servi à préparer l'éthyla-

mine, Würtz a obtenu une foule d'autres bases analogues :
la méthylamine, qui est de l'ammoniaque où le groupement
CH^3 , que l'on nomme *méthyle,* a remplacé un équivalent d'hydrogène : la *propylamine,* où le groupement
propyle C^3H^7 s'est substitué à un équivalent d'hydrogène
de l'ammoniaque... Toutes ces bases appartenaient au
même type, le *type ammoniaque,* dont l'importance était
ainsi mise en évidence. Du premier coup, Würtz donna à
ce type une grande extension en rattachant au groupe
des ammoniaques substituées la plupart des alcaloïdes vo-
latils que fournit la chimie organique.

Les travaux de Hofmann, succédant de près à ceux de
Würtz, contribuèrent puissamment à préciser la notion
du type ammoniaque et à corroborer la théorie des
types.

Si sur l'ammoniaque AzH^3 nous faisons agir l'acide
iodhydrique, nous obtenons une combinaison qui est l'iodure d'ammonium AzH^4I. L'action d'une base sur ce corps
redonne l'ammoniaque.

Si, au contraire, comme Hofmann le fit en 1850, nous
traitons l'ammoniaque par l'éther iodhydrique, qui a pour
formule C^2H^5I, nous obtenons un sel qui est à l'éthylamine de Würtz ce que l'iodure d'ammonium est à l'ammoniaque : c'est de l'iodure d'ammonium où le groupement éthyle C^2H^5 s'est substitué à l'hydrogène ; ce corps a
donc pour formule $Az(C^2H^5)H^3I$; c'est l'*iodure d'éthylammonium.* En traitant ce corps par une base, on obtient
l'éthylamine de Würtz.

Mais, dans l'action de l'éther iodhydrique sur l'ammoniaque, nous n'obtenons pas seulement l'iodure d'éthyl

ammonium : nous obtenons aussi un sel qui dérive de l'iodure d'ammonium par substitution de *deux* groupes C^2H^5 à *deux* équivalents d'hydrogène : c'est l'iodure de *diéthylammonium*, qui a pour formule Az $(C^2H^5)^2H^2I$; traité par une base, cet iodure donne un corps analogue à l'éthylamine, mais qui dérive de l'ammoniaque par substitution de *deux* groupes C^2H^5 à *deux* équivalents d'hydrogène : cette diéthylamine a pour formule $Az(C^2H^5)^2H$.

Les mêmes réactions donnent encore un iodure de *triéthylammonium*, $Az(C^2H^5)^3HI$, et une *triéthylamine*, $Az(C^2H^5)^3$, qui dérivent respectivement de l'iodure d'ammonium et de l'ammoniaque par substitution de *trois* groupes C^2H^5 à *trois* équivalents d'hydrogène.

Non seulement ces recherches enrichissent le type ammoniaque par la découverte des amines deux fois et trois fois substituées, mais encore elles mettent en évidence toute une série de combinaisons appartenant à un autre type : le type *iodhydrate d'ammoniaque* ou *iodure d'ammonium*, AzH^4I. Nous avons vu comment l'action de l'éther iodhydrique sur l'ammoniaque fournissait des corps qui dérivent de celui-là par substitution de un, deux ou trois groupes éthyles à un, deux ou trois équivalents d'ammoniaque. Mais il y a plus : cette même action nous fournit un corps dans lequel les *quatre* équivalents d'hydrogène de l'iodure d'ammonuim ont été remplacés par *quatre* groupes éthyles : c'est l'iodure de *tétréthylammonium*, $Az(C^2H^3)^4I$.

Gerhardt devait donner une nouvelle extension au type ammoniaque en y rattachant les corps qui forment la classe des *amides*. Les amides avaient été étudiées par Dumas qui les avait envisagées comme des sels ammoniacaux déshydratés. Si, par exemple, à l'acétate d'ammoniaque vous enlevez les éléments de l'eau, H^2O, vous obtenez l'acétamide. Voici comment Gerhardt rapprocha ces corps des amides découvertes par Würtz :

Qu'est-ce que le groupe éthyle, C^2H^5, que nous avons vu se substituer à un équivalent d'hydrogène dans l'ammoniaque pour former l'éthylamine? C'est ce qui reste lorsqu'on enlève à l'alcool un équivalent d'oxygène et un équivalent d'hydrogène, car l'alcool a pour formule C^2H^6O ; l'alcool est donc de l'éthyle C^2H^5 plus de l'*oxhydryle* OH. Prenons de même l'acide acétique, qui a pour formule $C^2H^4O^2$, et enlevons-lui le groupe oxhydryle OH ; il reste un radical qui a pour formule C^2H^3O, radical que Gerhardt nomme l'*acétyle*. Or, pour Gerhardt, l'acétamide, c'est le corps $Az(C^2H^3O)H^2$ qui dérive de l'ammoniaque par substitution du groupe acétyle à un équivalent d'hydrogène.

Plus généralement, si à un équivalent d'hydrogène de l'ammoniaque nous substituons un groupement qui, uni à OH, forme un alcool, nous avons une amine : si, au contraire, nous substituons un groupement qui, uni à OH, forme un acide, nous avons une amide.

Cette idée de Gerhardt trouva plus tard une puissante confirmation dans la découverte des *alcalamides*. Que, dans l'ammoniaque, on remplace un équivalent d'hydrogène par un reste d'alcool, par exemple par le groupe éthyle, et un autre équivalent d'hydrogène par un reste d'acide, par exemple par le groupe acétyle, et l'on obtiendra un corps dont les propriétés seront intermédiaires entre celles de l'éthylamine et celles de l'acétamide ou, plutôt, participeront des unes et des autres. Ce corps sera une alcalamide.

En rattachant les amides au type ammoniaque, Gerhardt mettait bien en lumière ce principe fondamental sur lequel nous avons insisté : que divers composés, pour appartenir au même type, n'ont pas besoin d'être analogues entre eux ni de remplir les mêmes fonctions ; en effet, tandis que les amines sont des bases offrant avec l'ammoniaque d'étroites analogies, les amides, au contraire, ne partagent nullement les propriétés alcalines de l'ammoniaque.

Au moment où les travaux de Würtz et de Hofmann créaient une foule de composés dont les uns appartenaient au type ammoniaque, les autres au type iodure d'ammonium, les recherches de Williamson touchant la formation de l'éther par l'action de l'acide sulfurique sur l'alcool venaient marquer l'importance d'un autre type, le *type eau*.

M. Williamson montra en 1851 que les propriétés de l'alcool et de l'éther s'interprétaient très aisément en regardant l'alcool comme de l'eau H^2O dans laquelle un équivalent d'hydrogène a été remplacé par le groupe éthyle, l'éther comme de l'eau dans laquelle les deux équivalents d'hydrogène sont remplacés par deux groupes éthyles ; en sorte que l'alcool peut être représenté par la formule $(C^2H^5)HO$ et l'éther par la formule $(C^2H^5)^2O$.

A l'appui de cette manière de voir, on peut apporter de nombreuses preuves. On ne pourrait, ce me semble, en citer de plus frappante que celle qui consiste à traiter l'alcool sodé par l'iodure d'un radical alcoolique, par exem-

ple par l'iodure de méthyle ; on obtient ainsi un corps,
analogue à l'éther, que l'on nomme un éther mixte ; c'est
de l'eau dans laquelle un équivalent d'hydrogène a été
remplacé par le groupe éthyle C^2H^5, tandis que l'autre
équivalent d'hydrogène a été remplacé par le groupe méthyle CH^3. La formule de ce corps est donc $(C^2H^5)(CH^3)O$.

Williamson ne se contenta pas de créer le type eau en
y rattachant l'alcool, l'éther, les éthers mixtes ; il y fit
rentrer une grande partie des acides, des bases, des sels
de la chimie minérale. L'acide nitrique, $(AzO^2)HO$, est de
l'eau ou un équivalent d'hydrogène a été remplacé par le
groupe *nitryle* AzO^2 ; la potasse, KHO, est de l'eau où un
équivalent d'hydrogène a été remplacé par un équivalent
de potassium ; l'oxyde d'argent, Ag^2O, est de l'eau où deux
équivalents d'hydrogène ont été remplacés par deux équivalents d'argent ; la nitrate d'argent, $(AzO^3)AgO$, est de
l'eau où un équivalent d'hydrogène a été remplacé par le
groupe nitryle, tandis que l'autre équivalent d'hydrogène
a été remplacé par un équivalent d'argent. On revenait
ainsi aux idées que Davy et Dulong avaient émises sur la
constitution des sels, idées que Liebig et Wöhler avaient
nettement énoncées en étudiant les combinaisons de l'acide
benzoïque.

Le type eau devait bientôt être enrichi par Gerhardt
d'une nouvelle catégorie de corps dont Williamson avait
conçu la possibilité. Qu'est-ce que l'alcool, pour Williamson ? De l'eau où un équivalent d'hydrogène a été remplacé par le groupe éthyle. Qu'est-ce que l'éther ? De l'eau
où deux équivalents d'hydrogène ont été remplacés par
deux groupes éthyles. Qu'est-ce que l'acide acétique ? De

l'eau où un équivalent d'hydrogène a été remplacé par un groupe acétyle C^2H^3O. Dès lors, ne peut-on concevoir un corps qui serait à l'acide acétique ce que l'éther est à l'alcool, un corps qui serait de l'eau où les *deux* équivalents d'hydrogène auraient fait place à *deux* groupes acétyles, qui aurait donc pour formule $(C^2H^3O)^2O$? La réalisation de ce corps allait être provoquée par une découverte imprévue.

En 1850, tous les chimistes croyaient, avec Gerhardt, que les acides monobasiques ne pouvaient exister à l'état anhydre ; tous les anhydrides connus se rattachaient à des acides polybasiques. Or, en faisant agir le chlore sec sur le nitrate d'argent sec, un chimiste produisit l'acide azotique anhydre : ce chimiste, dont les découvertes semblent avoir eu pour mission de toujours heurter et renverser les idées reçues, au très grand profit de la science, était Henri Sainte-Claire Deville.

En présence de ce fait, Gerhardt n'hésite pas à abandonner ses anciennes idées ; il cherche à interpréter la découverte de Sainte-Claire Deville ; pour lui, l'anhydride azotique est à l'acide azotique ce que l'éther est à l'alcool ; c'est de l'eau dont les *deux* équivalents d'hydrogène ont été remplacés par *deux* groupes nitryles AzO^2 ; sa formule est $(AzO^2)^2O$. Sur cette interprétation, Gerhardt fonde, en 1851, une méthode générale propre à fournir les anhydrides des acides monobasiques. Veut-on, par exemple, obtenir l'acide acétique anhydre? Sur le chlorure d'acétyle $(C^2H^3O)Cl$, on fera agir l'acétate d'argent $(C^2H^3O)AgO$: on aura ainsi le corps dont l'existence avait été prévue par M. Williamson. Au moyen de cette méthode de Gerhardt,

MM. Odet et Vignon devaient, plus tard, reproduire l'anhydride azotique de Sainte-Claire Deville.

Gerhardt ne s'est pas contenté d'avoir élargi le type eau en y faisant rentrer la classe des anhydrides des acides monobasiques ; il a défini de nouveaux types, tel le *type acide chlorhydrique.*

L'eau renferme deux équivalents d'hydrogène. Il peut arriver qu'un seul de ces équivalents soit remplacé par un équivalent d'un corps simple, comme dans la potasse, ou par un groupe d'éléments, comme dans l'alcool, l'acide nitrique, l'acide acétique. Il peut arriver aussi que ces deux équivalents d'hydrogène soient simultanément remplacés, et cela de diverses façons ; ces deux équivalents d'hydrogène peuvent être remplacés par deux équivalents d'un élément, comme dans l'oxyde d'argent ; ils peuvent être remplacés l'un par un corps simple et l'autre par un groupe d'éléments, comme dans le nitrate d'argent, l'acétate de potassium, l'alcool sodé ; ils peuvent être remplacés par deux groupes d'éléments, identiques entre eux, comme dans l'éther, l'anhydrique azotique, l'anhydride acétique ; ils peuvent enfin être remplacés par deux groupes d'éléments différents, comme dans les éthers mixtes, l'éther acétique, l'éther nitrique.

Il en est tout autrement pour l'acide chlorhydrique. Il renferme un seul équivalent d'hydrogène qui, dans les phénomènes de substitution, est toujours remplacé en une seule fois par un équivalent d'un corps simple ou par un groupe d'éléments. Cet équivalent d'hydrogène est-il remplacé par un équivalent de sodium, nous avons le chlorure de sodium ; par le groupe AzH^4, nous avons le chlorure d'ammonium ; par le groupe C^2H^5, nous avons le chlorure d'éthyle ; par le groupe C^2H^3O, nous avons le chlorure d'acétyle.

L'acide chlorhydrique, l'eau, l'ammoniaque, l'iodure d'ammonium, tels sont, d'après Gerhard, les principaux types sous lesquels viennent se ranger toutes les combinaisons chimiques. La nomenclature est cependant loin d'être complète. Il est, en particulier, un type que Gerhard ne mentionne pas et qui a pris une importance capitale depuis que M. Kékulé nous a appris à regarder la plupart des combinaisons organiques comme dérivant de ce type ; c'est le *type méthane*, représenté par l'hydrogène protocarboné CH^4.

La chimie minérale nous fournirait encore d'autres types ; nous les laisserons de côté, pensant que ce qui précède suffit à donner une conception nette de ce que les chimistes du milieu du xixe siècle entendaient par type chimique et de la manière dont cette notion s'est développée. Nous avons hâte d'arriver à une notion nouvelle et riche en conséquences, la notion du *type condensé*.

DUHEM. 8

CHAPITRE VI

Les acides monobasiques avaient été par Williamson rapportés au type *eau*; ils représentaient de l'eau dans laquelle un équivalent d'hydrogène avait été remplacé par un certain groupe d'éléments, par un radical acide; ainsi l'acide nitrique était de l'eau où un équivalent d'hydrogène avait été remplacé par le groupe nitryle, AzO^2; l'acide acétique était de l'eau où un équivalent d'hydrogène ait été remplacé par le groupe acétyle C^2H^3O. Des deux équivalents d'hydrogène que renfermait l'eau, une semblable substitution en laisse subsister un. Ce dernier peut, à son tour, être remplacé par un équivalent d'un métal tel que le potassium, le sodium, l'argent; ainsi se forment les sels.

S'il en est ainsi, un acide ne renferme qu'un seul équivalent d'hydrogène auquel un métal puisse se substituer pour former un sel; en sorte qu'un acide donné et un métal donné ne peuvent former qu'un seul sel. Or, il n'en est pas toujours ainsi; prenons l'acide sulfurique et faisons-le agir sur la potasse; selon les circonstances, il fournit deux sels différents; l'un de ces sels renferme un équivalent d'hydrogène et un équivalent de potassium; l'autre renferme deux équivalents de potassium et ne renferme pas d'hydrogène. C'est ce qui fait dire que l'acide sulfurique est un acide *bibasique*.

De même, avec la potasse, l'acide phosphorique ordinaire peut donner trois sels différents ; le premier de ces sels renferme un équivalent de potassium et deux équivalents d'hydrogène ; le second, deux équivalents de potassium et un équivalent d'hydrogène ; le troisième, trois équivalents de potassium et point d'hydrogène ; l'acide phosphorique ordinaire est *tribasique*.

Mais comment rattacher au type eau des acides tels que l'acide sulfurique et l'acide phosphorique ? Comment concevoir qu'après une substitution qui a enlevé à l'eau un équivalent d'hydrogène, il reste encore dans le composé deux, trois équivalents d'hydrogène remplaçables par un métal ? Au premier abord, la chose semble difficile, sinon impossible. Williamson a résolu la difficulté.

Comment avons-nous imaginé la formation d'un acide monobasique, de l'acide azotique par exemple ? Nous avons supposé que l'eau H^2O perdait un équivalent d'hydrogène et que cet équivalent d'hydrogène était remplacé par le groupe AzO^2. Prenons maintenant non plus une fois, mais deux fois la formule de l'eau H^2O ; à chacune de ces deux formules, enlevons un équivalent d'hydrogène, ce qui nous laissera deux groupes oxhydryles OH ; aux *deux* équivalents d'hydrogène enlevés, substituons *une seule fois* le groupe SO^2 ; nous aurons une formule $(SO^2)(OH)^2$ qui représentera la composition de l'acide sulfurique ; dans cette formule, restent deux équivalents d'hydrogène provenant de l'eau dont nous l'avons fait dériver, deux équivalents d'hydrogène tout à fait semblables à l'équivalent unique que renferme l'acide nitrique; selon que l'on remplacera ces deux équivalents ou seulement l'un d'entre eux par un même nombre d'équivalents de potassium, on obtiendra le sulfate neutre $(SO^2)(OK)^2$ ou le sulfate acide $(SO^2)(OK)(OH)$ de ce métal; la double basicité de l'acide sulfurique est donc en évidence dans cette formule.

De même, l'acide phosphorique s'obtiendra en prenant trois fois la formule de l'eau H^2O, en enlevant à chacun de ces groupes H^2O un équivalent d'hydrogène et en substituant à ces *trois* équivalents d'hydrogène *un seul* groupe PO; la formule $(PO)(OH)^3$ du composé ainsi obtenu met en évidence la triple basicité de l'acide phosphorique.

Voilà donc les acides polybasiques rattachés au type eau, mais au type eau plusieurs fois condensé, grâce à l'intervention d'un groupe d'éléments susceptible de se substituer seul à plusieurs équivalents d'hydrogène, enlevés à plusieurs groupes H^2O différents. Les acides bibasiques sont ainsi ramenés au type eau deux fois condensé; deux groupes oxhydryles OH sont rivés ensemble par un groupe unique. Les acides tribasiques sont ramenés au type eau trois fois condensé; trois groupes oxhydryles OH sont rivés ensemble par un groupe unique.

« M. Williamson a écrit cela en deux lignes (1); mais combien cette idée si simplement énoncée a été féconde en développements! » L'idée de Williamson, issue elle-même de la notion de basicité, allait bientôt conduire à

_____

(1) Ad. Würtz *La Théorie atomique*, p. 145.

l'une des plus grandes découvertes qui aient été faites en chimie, la découverte du glycol.

En 1854, M. Berthelot concluait un important travail sur les éthers de la glycérine par les paroles suivantes : « Ces faits nous montrent que la glycérine présente, vis-à-vis de l'alcool, précisément la même relation que l'acide phosphorique vis-à-vis de l'acide azotique. En effet, tandis que l'acide azotique ne produit qu'une série de sels, l'acide phosphorique en produit trois : les phosphates ordinaires, les pyrophosphates, les métaphosphates... De même, tandis que l'alcool ne produit qu'une seule série d'éthers neutres, la glycérine donne naissance à trois séries distinctes de combinaisons neutres. »

Les faits observés par M. Berthelot étaient exacts ; l'interprétation qu'il en proposait était erronée ; les trois séries d'éthers de la glycérine dérivent d'une seule et même glycérine, et non de trois glycérines différentes, comparables aux acides orthophosphorique, pyrophosphorique et métaphosphorique ; ces trois séries d'éther sont comparables non pas aux orthophosphates, pyrophosphates et métaphosphates, mais aux trois séries de sels que, par sa triple basicité, fournit l'acide phosphorique ordinaire. L'acide orthophosphorique, nous l'avons vu, est formé de trois groupes oxhydryles OH unis ensemble par le groupe PO. Si, dans un des groupes OH, on remplace un équivalent d'hydrogène par un équivalent de potassium, on a l'orthophosphate acide de potassium ; dans deux de ces groupes, on a l'orthophosphate neutre de potassium ; dans trois de ces groupes, on a l'orthophosphate basique de potassium. De même, la glycérine appartient au type eau trois fois condensé : elle est formée de trois oxhydryles OH, rivés ensemble par le groupe C^3H^5; dans chacun de ces oxhydryles, l'hydrogène peut être remplacé par un groupement acide, par exemple par un acétyle ; selon qu'une semblable substitution sera effectuée dans un, deux ou trois de ces groupes, nous aurons trois éthers acétiques différents de la glycérine.

Telle est l'interprétation qu'en 1855, Ad. Würtz proposa des faits observés par M. Berthelot.

L'alcool et la glycérine sont comparables à l'acide nitrique et à l'acide phosphorique ; l'alcool est une seule fois alcool comme l'acide nitrique est une seule fois acide ; la glycérine est trois fois alcool comme l'acide phosphorique est trois fois acide. Pour confirmer cette manière de voir, il convenait de former un corps qui fût à l'alcool ce que l'acide sulfurique est à l'acide azotique; qui fût deux fois alcool comme l'acide sulfurique est deux fois acide. Ce corps, intermédiaire entre l'alcool et la glycérine, Würtz chercha à le former et y parvint; c'est le glycol, découvert en 1856.

D'après les idées de Williamson sur la constitution des acides polybasiques, de Würtz sur la constitution de la glycérine, de quelle manière doit-on procéder pour obtenir un corps qui soit deux fois alcool? On doit chercher un groupe, composé de carbone et d'hydrogène, capable de se substituer à deux équivalents d'hydrogène et, par là, de river ensemble deux groupes oxhydryles. Or, il existe un corps, formé de carbone et d'hydrogène, qui semble présenter les caractères requis ; ce corps, c'est le gaz éthylène, dont la composition est représentée

par la formule C^2H^4. Ce corps se combine avec deux équivalents de chlore pour former un liquide huileux bien
connu sous le nom de *liqueur des Hollandais*. On peut
regarder la liqueur des Hollandais $C^2H^4Cl^2$ comme de
l'acide chlorhydrique deux fois condensé par substitution
de l'éthylène à deux équivalents d'hydrogène ; le groupe
éthylène apparaît donc comme un de ces groupes, analogues au groupe SO^2, qui peuvent se substituer à deux
équivalents d'hydrogène.

Prenons donc l'éthylène pour point de départ ; com-
binons-le avec le brome ou l'iode pour obtenir la liqueur
des Hollandais bromée ou iodée, saponifions celle-ci par
l'oxyde d'argent et nous obtenons le composé $C^2H^4(OH)^2$;
c'est le corps deux fois alcool, l'intermédiaire entre l'alcool
et la glycérine cherché par Würtz ; c'est le glycol.

La découverte d'un corps nouveau peut avoir, dans le
domaine pratique, des conséquences graves ; mais, au
point de vue de la science chimique, cette découverte n'a
aucun intérêt si elle n'est l'occasion de ruiner une théorie
fausse, de confirmer une théorie juste ou de suggérer une
théorie nouvelle. L'importance d'un fait nouveau se mesure à l'évolution que ce fait imprime aux idées. D'après
cette règle, il est, en chimie, peu de corps dont la découverte ait été aussi importante que celle du glycol ; de là est
issue la notation chimique moderne ; par quelle élaboration, c'est ce que nous allons examiner.

La découverte du glycol a fait éclater aux yeux de
tous le caractère que possèdent certains groupes, comme
l'éthylène, de se substituer à deux équivalents d'hydrogène empruntés à deux HCl différents ou à deux H^2O

différent, et de river ensemble les deux équivalents de chlore restants ou les deux groupes OH restants. Ce caractère avait été déjà signalé par Williamson comme appartenant au groupe SO^2 et comme expliquant la double basicité de l'acide sulfurique ; il distingue profondément les groupes que nous venons de citer des groupes tels que le nitryle AzO^2, l'éthyle C^2H^5, l'acétyle C^2H^3O ; ceux-ci ne peuvent se substituer qu'à un équivalent d'hydrogène pris soit à l'acide chlorhydrique, soit à l'eau. Ces dernières substitutions engendrent des produits qui appartiennent au type même dont ils sont issus, au type acide chlorhydrique ou au type eau. Au contraire, les premières substitutions engendrent des produits qui appartiennent non pas au type même dont ils sont issus, mais à ce type deux fois condensé, au type acide chlorhydrique deux fois condensé, au type eau deux fois condensé. Reprenant, sous une forme plus précise, une expression déjà employée par Milon et par Malaguti, Würtz nomme les premiers groupements des groupements *monoatomiques*, les seconds des groupements *diatomiques* ; plus tard, il a proposé de remplacer ces dénominations par celles de *groupements univalents, groupements bivalents;* ce sont ces dernières expressions que nous adopterons ; nous dirons donc que AzO^2, C^2H^5, C^2H^3O sont des groupements univalents ; que SO^2, C^2H^4 sont des groupements bivalents.

Le groupement PO que nous avons rencontré en étudiant l'acide phosphorique, le groupement C^3H^5 que nous avons cité à l'occasion de la glycérine, possèdent la propriété de pouvoir se substituer à trois équivalents d'hydrogène différents, pris dans trois HCl différents ou dans trois H^2O différents ; de donner ainsi des combinaisons qui appartiennent non pas au type acide chlorhydrique, au type eau, mais au type acide chlorhydrique trois fois condensé, au type eau trois fois condensé. Le groupement PO, le groupement C^3H^5 sont donc, dans l'acide phosphorique ou dans la glycérine, des *groupements trivalents*.

Poursuivons les conséquences de ces idées.

Comment Williamson est-il arrivé à opposer au type eau le type eau deux fois condensé ? Il a vu l'acide azotique qui renferme un seul équivalent d'hydrogène remplaçable par un métal alcalin, et qui, avec un tel métal, fournit une seule série de sels ; il a vu, d'autre part, l'acide sulfurique qui renferme deux équivalents d'hydrogène dont chacun peut être remplacé par un métal alcalin, de manière à fournir, avec un pareil métal, deux séries de sels, selon que le métal remplace un ou deux équivalents d'hydrogène ; de cette opposition est née l'idée que, si l'acide nitrique dérive de H^2O par substitution, l'acide sulfurique doit dériver par substitution de deux fois H^2O et appartient au type eau deux fois condensé.

Or, comparons l'action de l'eau sur les métaux avec l'action de l'acide chlorhydrique. L'acide chlorhydrique renferme un seul équivalent d'hydrogène auquel se puisse substituer un équivalent d'un métal tel que le potassium ou le sodium ; en agissant sur chacun de ces métaux, il formera un seul sel, le chlorure de potassium, le chlorure de sodium. L'eau, au contraire, renferme deux équivalents d'hydrogène dont chacun peut être remplacé par un métal tel que le potassium ou le sodium ; si un seul équivalent d'hydrogène est remplacé par le métal, nous obtenons une première série de composés, les oxydes hydratés tels que la potasse KOH ou la soude NaOH ; si les deux équivalents d'hydrogène sont remplacés par le métal, nous obtenons une seconde série de composés, les oxydes anhydres K^2O, Na^2O, analogues à l'oxyde d'argent Ag^2O.

Cette opposition entre l'acide chlorhydrique et l'eau n'est-elle pas tout à fait analogue à celle qui existe entre un acide monobasique et un acide bibasique ? Ne sommes-nous pas amenés à regarder l'eau comme appartenant au type acide chlorhydrique deux fois condensé, comme dérivant de deux groupes HCl par substitution d'un seul équivalent d'oxygène à deux équivalents de chlore ? Dès lors, avec Odling, et ensuite avec Würtz, ne répéterons-nous pas au sujet du chlore ce que nous avons dit des groupements composés AzO^2, C^2H^5, C^2H^3O, au sujet de l'oxygène ce que nous avons dit des groupements composés SO^2, C^3H^4 ? Ne dirons-nous pas que, dans l'acide chlorhydrique, le chlore est un *élément univalent*; que, dans l'eau, l'oxygène est un *élément bivalent ?*

De même, l'ammoniaque peut être regardée comme appartenant au type acide chlorhydrique trois fois condensé ; elle dérive de trois groupes HCl par substitution d'un équivalent d'azote à trois équivalents de chlore ; dans l'ammoniaque, l'azote est un *élément trivalent.*

Le méthane peut être regardé comme appartenant au type acide chlorhydrique quatre fois condensé; un équivalent de carbone s'est substitué à quatre équivalents de chlore, empruntés à quatre HCl différents : dans le méthane, le carbone est un *élément quadrivalent*.

L'iodure d'ammonium peut être regardé comme dérivant, par substitution d'un équivalent d'iode à un équivalent d'hydrogène, du corps *idéal* AzH^5, qui serait l'hydrure d'ammonium ; celui-ci peut être rattaché au type acide chlorhydrique cinq fois condensé ; il en dériverait par la substitution d'un seul équivalent d'azote à cinq équivalents de chlore pris dans cinq HCl différents ; dans ce corps, l'azote est un élément *quintivalent*.

Tous les types dont nous avons parlé se trouvent ainsi ramenés soit au type acide chlorhydrique, soit au type acide chlorhydrique condensé deux, trois, quatre, cinq fois. D'autres types existent encore, qui tous peuvent se ramener au type acide chlorhydrique condensé un certain nombre de fois.

Cela posé, considérons un type chimique quelconque formé par l'union de deux éléments ou de deux groupes d'éléments a et b ; si ce type est le type acide chlorhydrique, a sera Cl et b sera H ; si ce type est le type eau, a sera O et b sera H^2; et ainsi de suite. Ce type correspond au type acide chlorhydrique condensé n fois ; on dit alors que chacun des deux groupes a et b est, dans ce composé a b, *n-valent*, on dit également qu'en s'unissant pour former le composé a b, *les deux groupes a et b échangent n valences;* et l'on écrit la formule de ce composé en traçant n traits entre les deux symboles a et b.

Ainsi, dans l'acide chlorhydrique, un équivalent d'hydrogène échange, avec un équivalent de chlore, une valence; la formule de l'acide chlorhydrique s'écrit H-Cl. Dans l'eau, un équivalent d'oxygène échange, avec deux équivalents d'hydrogène, deux valences ; la formule de l'eau est $H^2 = O$. Dans l'ammoniaque, un équivalent d'azote échange, avec trois équivalents d'hydrogène, trois valences ; la formule de l'ammoniaque est $Az \equiv H^3$. Dans le méthane, un équivalent de carbone échange, avec quatre équivalents d'hydrogène, quatre valences ; la formule du méthane est $C \equiv H^4$. Dans l'iodure d'ammonium, un équivalent d'azote échange, avec le groupe H^4I, cinq valences ; la formule de l'iodure d'ammonium est $Az \equiv H^4I$.

On représente encore d'une manière plus explicite que l'oxygène, l'azote, le carbone, et encore l'azote ont remplacé le chlore de deux, trois, quatre, cinq groupes HCl, en écrivant :

$$H - O - H, \qquad Az \Big\langle {}^H_H \, H, \qquad H - C - H, \qquad Az - I$$

Chacun des traits marque ainsi la place de l'un des équivalents de chlore remplacés par substitution et signale l'équivalent d'hydrogène qui lui était uni.

Considérons maintenant une combinaison appartenant au type $a \, b$; elle est formée par la substitution d'un élément ou d'un groupe d'éléments A au groupe a, d'un élément ou d'un groupe d'éléments B au groupe b. On dira encore que, dans le composé AB, les deux groupes

A et B échangent *n* valences, et l'on écrira la formule du composé en plaçant *n* traits entre les symboles A et B.

Prenons, par exemple, la *triéthylphosphine* ; C'est un corps qui dérive de l'ammoniaque par substitution d'un équivalent de phosphore à un équivalent d'azote et de trois groupes éthyles C^2H^5 à trois équivalents d'hydrogène. On dira donc que, dans ce corps, un équivalent de phosphore échange trois valences avec le groupe $(C^2H^5)^3$ et on écrira la formule de ce composé $P \equiv (C^2H^5)^3$; ou, mieux, on dira que l'équivalent de phosphore échange une valence avec chacun des trois groupes C^2H^5 et on donnera à la triéthylphosphine la formule

$$P \Big\langle \begin{matrix} C^2H^5 \\ C^2H^5 \\ C^2H^5 \end{matrix}$$

On voit que le type auquel appartient une combinaison est maintenant représenté par le nombre de valences qu'échangent entre elles les deux parties dont l'union est censée engendrer cette combinaison.

Ce mode de représentation présente un premier avantage qui s'aperçoit immédiatement.

Considérons le type ammoniaque ; nous rangeons dans ce type un certain nombre de combinaisons, par exemple le protochlorure de phosphore PCl^3, que nous faisons dériver de l'ammoniaque par substitution d'un équivalent de phosphore à un équivalent d'azote et de trois équivalents de chlore à trois équivalents d'hydrogène. Mais il est évident que nous pourrions tout aussi bien regarder l'ammoniaque comme dérivant, par une substitution inverse, du protochlorure de phosphore. D'une manière générale, chacune des combinaisons que nous avons rangées dans le type ammoniaque pourrait être choisie pour combinaison typique dont toutes les autres dériveraient par substitution. Il y a donc quelque chose de très arbitraire à choisir, parmi toutes les combinaisons appartenant à un même type, celle qui donnera son nom au type.

Cette importance arbitrairement donnée à une combinaison, parmi toutes celles qui appartiennent à un même type, est évitée par la notation des valences. Toutes les combinaisons qui appartiennent à un même type sont alors marquées par un même caractère, sans qu'on ait à faire jouer à aucune d'elles un rôle particulier; et ce caractère commun mis en évidence, c'est précisément ce que le type considéré a d'essentiel, savoir : la condensation qu'il faut, pour obtenir ce type, faire subir au type acide chlorhydrique.

Mais l'introduction de la notion de valence offre d'autres avantages, bien plus considérables.

Il y a, dans l'opération par laquelle on rapporte une combinaison à un type donné, quelque chose d'arbitraire et d'indéterminé ; c'est la manière dont on la scinde en deux parties. Aussi peut-on, en général, rapporter une même combinaison à plusieurs types différents ou bien encore la rapporter à un même type de plusieurs manières différentes.

Prenons, par exemple, la méthylamine. Nous pouvons la regarder comme de l'ammoniaque dans laquelle un équivalent d'hydrogène a été remplacé par un groupe

méthyle CH^3 ; nous la rangeons alors dans le type ammoniaque. Nous pouvons également la regarder comme du
méthane dans lequel un équivalent d'hydrogène a été
remplacé par le groupe AzH^2 ; nous la rattachons alors au
type méthane.

Prenons un exemple un peu plus compliqué, l'iodure
de méthylammonium. Nous pouvons le regarder comme
de l'iodure d'ammonium dans lequel un équivalent d'hydrogène est remplacé par le groupe CH^3; nous le rattachons alors au type iodure d'ammonium. Nous pouvons
y voir du méthane où un équivalent d'hydrogène a cédé
sa place au groupement AzH^3I ; il dépend alors du type
méthane. Nous pouvons enfin le considérer comme de
l'acide iodhydrique dont l'équivalent d'hydrogène a été
remplacé par le méthylammonium $AzH^3(CH^3)$; dans ce
cas nous le faisons dériver du type acide chlorhydrique.

Prenons encore cet exemple, l'azotate de potassium.
Ce corps est, si l'on veut, de l'eau où un équivalent d'hydrogène a été remplacé par le groupe AzO^2, et l'autre par
un équivalent de potassium, en sorte qu'il dérive du type
eau. Il est aussi, si l'on préfère, du chlorure de potassium
dont le chlore a été remplacé par le groupe AzO^3, et il
dérive ainsi du type acide chlorhydrique. Nous pouvons
enfin le regarder comme de l'iodure d'ammonium où les
quatre équivalents d'hydrogène ont été remplacés par
deux équivalents d'oxygène *bivalent* et où l'équivalent
d'iode a été remplacé par le groupe OK ; nous le rappor-
tons alors au type iodure d'ammonium.

Entre ces diverses manières d'envisager un même
composé, on devra en choisir une, qui fixera le type

auquel il sera rapporté. Mais cette obligation de faire un choix n'a pas que des conséquences heureuses. En effet, chacun des types différents auxquels on peut rattacher un composé a l'avantage de mettre en lumière les relations que ce composé présente avec certains corps, mais l'inconvénient de laisser dans l'ombre les relations qu'il présente avec d'autres corps.

Prenons, par exemple, l'iodure de méthylammonium ; en le rapportant au type iodure d'ammonium, nous mettons bien en évidence ses relations avec les composés de l'ammoniaque, mais nous dissimulons ses rapports avec l'alcool méthylique et les éthers qui en dérivent ; en le rapportant au type méthane, nous éclairons ces dernières relations, mais en obscurcissant les analogies du composé considéré avec les sels ammoniacaux.

C'est ici qu'intervient avec avantage la notation nouvelle fondée sur la notion de l'échange des valences. Ce choix arbitraire et défectueux entre les divers types auxquels un même composé peut être rapporté, elle nous donne le moyen de ne pas le faire.

Qu'est-ce, en effet, que faire rentrer un composé dans un type déterminé? C'est prendre, en particulier, un élément ou un groupe d'éléments appartenant à ce composé, énoncer combien cet élément ou ce groupe d'éléments échange de valences avec le reste du composé (c'est-à-dire quel est le degré de condensation subi par le type acide chlorhydrique) et comment s'effectuent ces échanges (c'est-à-dire de quelle manière le type acide chlorhydrique a été amené à ce degré de condensation). Par exemple, lorsque je dis que l'azotate de potassium appartient au type *eau* (c'est-à-dire au type *acide chlorhy-drique* condensé *deux* fois), où un équivalent d'hydrogène a été remplacé par le groupe AzO^2 et un autre par un équivalent de potassium, je dis que l'azotate de potassium renferme un équivalent d'oxygène bivalent qui échange une valence avec le groupe AzO^2 et une autre valence avec le potassium. Lorsque je regarde ce même corps comme dérivant de l'*iodure d'ammonium* (ou, ce qui revient au même, de l'*acide chlorhydrique* condensé *cinq* fois) par substitution du groupe OK à l'équivalent d'iode et de deux équivalents d'oxygène à quatre équivalents d'hydrogène, je dis que, dans l'azotate de potassium, l'azote est un élément quintivalent qui échange une valence avec le groupe OK et les quatre autres avec deux équivalents d'oxygène. Lorsque je rapporte l'azotate de potassium au type *acide chlorhydrique*, j'entends exprimer que ce sel renferme un équivalent de potassium univalent qui échange sa valence unique avec le groupe AzO^3.

Mais ce que nous venons de dire ne suggère-t-il pas immédiatement l'idée de *mettre en évidence le nombre des valences de chacun des éléments qui figurent dans le composé et la manière dont ces valences s'échangent deux à deux*?

Ainsi, pour l'azotate de potassium, nous marquerons que l'azote est quintivalent dans ce composé, que le potassium y est univalent, que chacun des équivalents d'oxygène y est bivalent; que deux des équivalents d'oxygène échangent chacun deux valences contre deux valences de l'azote; que le troisième équivalent d'oxygène échange

une de ses valences contre la cinquième valence de l'azote
et l'autre contre la valence unique du potassium.
Nous représenterons donc l'azotate de potassium par le
symbole suivant :

$$\left.\begin{matrix} O \\ O \end{matrix}\right\rangle Az - O - K.$$

Ce symbole ne rapporte plus l'azotate de potassium à
aucun type en particulier ; mais il met en évidence tous
les types auxquels ce sel peut être rapporté ; en effet, les
diverses manières d'envisager l'azotate de potassium con-
duiront à écrire ce sel

$$K - O - AzO^2,$$

si on le rapporte au type eau ; à l'écrire

$$O^2 \equiv Az - OK,$$

si on le rapporte au type iodure d'ammonium ; à l'écrire

$$K - AzO^3,$$

si on le rapporte au type acide chlorhydrique ; et l'on
voit sans peine que tout ce qu'exprime chacune de ces
formules est complètement exprimé par le symbole que
nous avons écrit en premier lieu ; ce symbole est la *formule développée* ou *formule de constitution* de l'azotate de
potassium.

*La formule développée d'un corps composé a donc pour
objet de mettre en évidence tous les types auxquels ce composé peut être rapporté et toutes les substitutions par lesquelles il peut dériver de chacun de ces types, sans donner la préférence à aucun d'eux.*

On aperçoit de suite la fécondité d'une semblable notation.

Lorsqu'on connaît la formule développée d'un composé, on voit immédiatement quels sont les corps divers auxquels il pourra donner naissance par voie de substitution ; en sorte que l'on peut classer, et souvent prévoir, les réactions auxquelles ce corps donnera lieu.

Il y a plus. Cette formule développée, comparée aux formules développées d'autres corps, fait voir par quelles substitutions il est possible de passer de ceux-ci à celui-là. Or, dans un grand nombre de cas, le chimiste possède des méthodes générales qui permettent d'effectuer presque à coup sûr une substitution donnée ; lors donc qu'il connaîtra la formule de constitution d'un corps, il sera bien souvent en état de reproduire ce corps au moyen d'autres corps qu'il possède déjà ; en un mot, d'effectuer une *synthèse*.

Cette aptitude de la formule développée à indiquer la voie par laquelle se peut faire la synthèse systématique d'un corps donné, est l'un des grands titres qui signalent à notre admiration la notation chimique actuelle. C'est par là qu'elle a provoqué d'innombrables découvertes et qu'elle enrichit chaque jour l'industrie de nouveaux produits. Donner des exemples de ces synthèses, ce serait entrer dans une étude de chimie pure qui ne serait point à sa place ici ; citons seulement deux des plus remarquées, en leur temps, de ces synthèses prévues et voulues, aujourd'hui devenues si communes : la synthèse de l'acide citrique par MM. Grimaux et Adam, et la synthèse de l'indigotine par M. Bäyer.

CHAPITRE VII

Laissons de côté cette portée pratique de la formule développée ; aussi bien, sa fécondité se manifeste avec un si vif éclat qu'il serait puéril de s'attarder à la prouver. Il est une autre conséquence, théorique celle-là, à laquelle conduit la nouvelle notation, et c'est sur cette conséquence que nous voudrions maintenant insister.

Deux corps peuvent avoir la même formule brute et des formules développées différentes. Ce seront alors deux corps distincts, bien que de même composition ; pour les obtenir, il faudra effectuer des réactions différentes, produire des substitutions différentes ; de tels corps sont *isomères* l'un de l'autre.

L'isomérie entre deux corps peut, elle-même, être de deux espèces différentes.

Prenons les deux corps dont les formules développées sont :

$$
\begin{array}{cc}
\begin{array}{cc}
\text{H} & \text{H} \\
| & | \\
\text{H}-\text{C}-\text{C}-\text{C}=\text{O} \\
| & | & | \\
\text{H} & \text{H} & \text{H}
\end{array}
&
\begin{array}{cc}
\text{H} & \text{H} \\
| & | \\
\text{H}-\text{C}-\text{C}-\text{C}-\text{H} \\
| & || & | \\
\text{H} & \text{O} & \text{H}
\end{array}
\end{array}
$$

Le premier est l'*aldéhyde propionique*, le second est l'*acétone*.

Soumettons le premier à une action oxydante ; l'hydrogène relié à l'équivalent de carbone qui porte déjà un équivalent d'oxygène va être remplacé par le groupe OH ; nous obtiendrons un corps ayant pour formule développée

$$H - \overset{\overset{\displaystyle H}{|}}{\underset{\underset{\displaystyle H}{|}}{C}} - \overset{\overset{\displaystyle H}{|}}{\underset{\underset{\displaystyle H}{|}}{C}} - \overset{}{\underset{\underset{\displaystyle O-H}{|}}{C}} = O \; ;$$

ce corps renferme le groupe OCOH qui caractérise les acides organiques ; c'est un acide, l'*acide propionique*.

Soumettons de même l'acétone à une action oxydante ; rien de semblable ne pourra se produire, car l'équivalent de carbone qui échange deux valences avec l'oxygène n'est directement uni à aucun équivalent d'hydrogène ; l'acétone, soumise à une action oxydante, se dédouble en acide acétique et acide formique.

Voilà une première forme d'isomérie ; entre les deux isomères, il y a *différence de fonction chimique* : placés dans des circonstances analogues, ils donnent lieu à des réactions différentes, éprouvent des substitutions différentes.

Il est un cas d'isomérie tout différent ; c'est celui où les deux composés, formés des mêmes éléments, mais rangés d'une manière différente, peuvent toujours subir des substitutions semblables ; de telle sorte que, dans des conditions chimiques analogues, ces deux composés donneront lieu à des réactions analogues ; mais ces réactions analogues ne fourniront pas des produits identiques ; elles produiront des corps qui différeront par l'ensemble de leurs propriétés physiques, qui seront derechef *isomères* comme les corps qui ont servi à les former.

De cette *isomérie de position*, les dérivés de la benzine
fournissent, comme l'a montré M. Kékulé, des exemples
saisissants.

La benzine, dont la formule brute est C^6H^6, est formée
de .six équivalents de carbone quadrivalent unis à six
équivalents d'hydrogène monovalent ; on lui donne pour
formule développée :

A deux équivalents d'hydrogène substituons, par
exemple, deux équivalents de chlore. Selon la manière
dont la substitution s'est effectuée, nous pouvons être conduits à attribuer au produit obtenu l'une ou l'autre des
trois formules :

Ces trois formules représentent trois *dichlorobenzines*
différentes, que les chimistes distinguent par les préfixes
ortho, para et *méta*; ces trois dichlorobenzines diffèrent

entre elles par leurs diverses propriétés physiques : densités, points de fusion, point d'ébullition, etc. ; mais leurs propriétés chimiques sont semblables ; placées dans des conditions analogues, elles subissent des réactions analogues ; par exemple, on peut, en chacune d'elles, substituer aux deux équivalents de chlore deux groupes OH et obtenir trois *diphénols* isomères entre eux ; on peut substituer aux deux équivalents de chlore deux groupes AzO^2 et obtenir trois *dinitrobenzines* isomères entre elles. Toutes les fois qu'à deux équivalents d'hydrogène de la benzine on substitue deux éléments ou deux groupes d'éléments identiques entre eux, le produit de cette substitution double se présente sous trois formes isomériques, les formes *ortho*, *para* et *méta*, offrant ainsi un des exemples les plus saisissants et les mieux étudiés de l'isomérie de position.

D'après les principes que nous venons de poser, énumérer tous les isomères possibles d'un corps dont la formule brute est donnée, c'est énumérer et présenter toutes les figurations distinctes que l'on peut former avec un nombre déterminé d'équivalents de divers corps simples, chacun de ces corps ayant une valence connue. Cette question est alors un simple problème de mathématiques et, proprement, de cette partie des mathématiques que Leibniz a nommée *analysis situs* ; Cayley et G. Brunel ont montré comment ce problème pouvait être résolu par le géomètre. Les succès de cette méthode sont un des plus grands triomphes de la notation chimique fondée sur la notion de valence ; par-dessus tout, ils ont contribué à renverser les préventions auxquelles cette notation s'était longtemps heurtée.

Malgré sa fécondité, chaque jour plus étonnante, la notation des valences rencontrait une catégorie spéciale d'isoméries qu'elle demeurait impuissante à figurer.

Prenons un tartrate, le tartrate de sodium par exemple ; ce corps présente deux variétés ; identiques en la plupart de leurs propriétés physiques et chimiques, ces deux variétés s'opposent nettement l'une à l'autre par un certain caractère optique : si l'on place sur le trajet d'un rayon de lumière polarisée une cuve contenant une dissolution de la première variété, le plan de polarisation du rayon tourne, autour de ce rayon, et *de gauche à droite*, d'un certain angle ; si l'on intercepte le même rayon par la même cuve, contenant une solution également concentrée de la seconde variété, le plan de polarisation tourne encore autour du rayon, du même angle, mais *de droite à gauche* ; les dissolutions des deux variétés de tartrate de sodium ont des pouvoirs rotatoires égaux, mais de sens contraire ; la première variété est le tartrate *dextrogyre* ou tartrate *droit* ; la seconde variété est le tartrate *lævogyre* ou tartrate *gauche*.

Le tartrate de sodium droit et tartrate de sodium gauche peuvent tous deux être obtenus sous forme cristalline par évaporation de leurs dissolutions respectives ; les cristaux des deux variétés offrent, au premier abord, la plus grande ressemblance ; si cependant, comme l'a fait Pasteur, on les examine avec soin, on ne tarde pas à reconnaître qu'un cristal de tartrate droit n'affecte jamais la forme d'un solide superposable à un cristal de tartrate gauche : les facettes qui limitent les cristaux de ces deux variétés sont tellement agencées, qu'il existe entre les deux sortes de cristaux exactement les mêmes rapports qu'entre la main droite et la main gauche; un cristal de tartrate gauche est identique à l'image d'un cristal de tartrate droit vu dans un miroir.

De ce genre d'isomérie que nous présente le tartrate de sodium, on rencontre, en chimie organique, de nombreux exemples.

Or la seule notion de valence est impuissante à représenter ce genre d'isoméries; du tartrate de sodium, par exemple, elle ne peut fournir deux formules développées différentes; par quelque substitution que l'on parvienne à ce corps, les équivalents de carbone, d'oxygène, d'hydrogène et de sodium se trouvent toujours en même nombre et reliés entre eux de la même manière.

Ne pourrait-on substituer à la notation fondée sur la seule notion de valence une notation plus parfaite, plus pénétrante, qui, sans rien perdre des avantages de l'ancienne notation ferait correspondre des schémas différents à deux isomères doués de pouvoirs rotatoires inverses, à ce que l'on nomme fréquemment deux *antipodes optiques*? C'est le problème qu'abordèrent simultanément, il y a vingt-cinq ans, M. Le Bel à Paris et M. J. H. Van't Hoff à Amsterdam.

Visiblement guidés par les travaux cristallographiques de Pasteur, ils cherchèrent à construire pour chacun des deux antipodes optiques des symboles de constitution tels que le symbole de l'un fût le reflet dans un miroir du symbole de l'autre. Pour y parvenir, ils ne devaient plus se contenter des notions employées jusque-là dans l'établissement des formules de constitution, où la nature des

divers éléments et les valences qu'ils échangent entre eux
étaient seules prises en considération ; faites, en effet,
réfléchir dans un miroir une des anciennes formules de
constitution ; l'image et l'objet présenteront les mêmes éléments, échangeant entre eux les mêmes liaisons : au point
de vue de l'*analysis situs,* la formule donnée et la formule
réfléchie seront identiques. M. Le Bel et M. Van't Hoff
devaient donc, de toute nécessité, aux éléments de représentation employés jusque-là et empruntés à l'*analysis
situs*, adjoindre un élément nouveau emprunté à la
géométrie ; c'est ce qu'ils firent.

Au lieu de représenter les quatre valences dont un
équivalent de carbone est doué, dans la plupart des combinaisons organiques, par quatre traits issus d'un point,
ils convinrent de les représenter par quatre traits respectivement issus des quatre sommets d'un *tétraèdre*.

Dès lors, on voit sans peine que tout corps où deux
au moins des valences du carbone tétraédrique seront saturées par des éléments identiques ou des groupes d'éléments
identiques, sera représenté par un schéma exactement
superposable à son image dans un miroir ; mais il n'en
sera plus de même si les quatre valences du carbone tétraédrique sont saturées par quatre éléments ou groupes
d'éléments différents ; dans ce cas, en disposant conve-
nablement les figures de ces quatre éléments ou groupes
d'éléments aux quatre sommets du tétraèdre, on obtiendra
deux figures symétriques l'une de l'autre, mais non superposables.

Supposons, par exemple, que les quatre valences d'un
équivalent de carbone soient respectivement saturées par

un équivalent de chacun de ces quatre corps monova-
lents : hydrogène, fluor, chlore, brome ; nous avons affaire
au fluo-chloro-bromo-méthane ; à ce composé, l'ancienne
notation attribuait la formule développée

$$\overset{\displaystyle H}{\underset{\displaystyle Br}{\overset{\displaystyle |}{Fl - C - Cl}}}$$

qui ne comporte pas d'isomère ; la notation *stéréochimique*,
au contraire, peut représenter également ce composé par
deux formules symétriques, mais non superposables, qui
sont les suivantes :

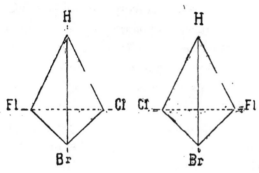

Ces deux formules sont susceptibles de représenter
deux antipodes optiques ; et, en effet, il existe deux fluo-
chloro-bromo–méthanes doués de pouvoirs rotatoires
inverses.

L'emploi d'un symbole tétraédrique pour représenter
le carbone quadrivalent permet donc, dans certains cas, de
construire pour deux corps de même composition, de
même constitution chimique, deux symboles symétriques

l'un de l'autre, mais non superposables. Ce procédé fournit-il une représentation satisfaisante de ces phénomènes d'isomérie où les deux isomères, parfaitement semblables d'ailleurs, ont des pouvoirs rotatoires égaux, mais inverses? Répondre affirmativement à cette question, c'est, précisément, établir les deux lois suivantes :

1° Toutes les fois qu'un composé chimique peut se présenter sous deux formes, antipodes optiques l'une de l'autre, la stéréochimie peut figurer la constitution de ce corps par deux schémas symétriques, mais non superposables ;

2° Toutes les fois que la stéréochimie représente la constitution d'un corps par deux schémas symétriques, mais non superposables, ce corps se présente sous deux formes insomériques, antipodes optiques l'une de l'autre.

La vérification de la première loi ne présente guère de difficultés ; on peut dire que cette vérification est contemporaine des débuts de la stéréochimie ou, plus exactement, qu'elle lui a donné naissance. C'est parce que l'on peut faire correspondre deux schémas symétriques non superposables à chacun des couples d'antipodes optiques découverts par la chimie, que M. Le Bel et M. Van't Hoff ont posé la stéréochimie comme théorie générale.

Plus difficile, mais aussi plus probante pour la théorie, est la vérification de la seconde loi ; et cette vérification elle-même comprend deux parties.

En premier lieu, tout corps doué de pouvoir rotatoire et, par conséquent, représenté par un symbole stéréochimique non superposable à son symétrique, suppose l'existence d'un second corps ayant précisément pour

symbole ce symétrique et, par conséquent, antipode
optique du premier. Si donc la chimie nous fournit un
corps doué de pouvoir rotatoire et faisant tourner le plan
de polarisation de gauche à droite, comme le *glucose,*
qu'on nomme aussi *dextrose,* elle doit nous fournir également un corps, isomère du précédent et faisant tourner le
plan de polarisation de droite à gauche ; tout *dextrose* suppose un *lévulose* ; la recherche de l'antipode optique de
toute substance douée de pouvoir rotatoire doit, tôt ou
tard, aboutir ; semblable recherche avait déjà été entre-
prise avec succès par Pasteur ; depuis les travaux de ce
grand cristallographe, elle est parvenue à compléter un
grand nombre de couples d'antipodes optiques.

En second lieu, tout corps dont la formule de constitution peut prendre, en stéréochimie, deux dispositions
symétriques et non superposables, doit être doué de pouvoir rotatoire et présenter deux isomères, l'un dextrogyre
et l'autre lœvogyre. Or, il arrive fort souvent que la
réaction où naît un semblable corps ne donne nullement
une substance douée de pouvoir rotatoire, mais une substance dénuée de ce pouvoir ou, comme l'on dit volontiers,
une substance *inactive.* De semblables faits sont, pour la
théorie stéréochimique, de graves objections qu'il lui faut
résoudre : elle y parvient avec bonheur, en s'aidant d'idées
créées par Pasteur.

Il peut arriver que la substance inactive en apparence
soit, en réalité, un mélange en proportions égales des deux
antipodes optiques ; en évaporant une solution d'une semblable substance, on obtiendra souvent non pas une seule
espèce de cristaux, mais des poids égaux de deux espèces

de cristaux, les cristaux d'une espèce étant symétriques
des cristaux de l'autre espèce, mais ne leur étant pas superposables ; il suffira de trier ces cristaux de manière à séparer l'une de l'autre les deux espèces et de les redissoudre
isolément pour obtenir deux dissolutions douées de pouvoir rotatoire et optiquement inverses l'une de l'autre.

Il peut arriver aussi que la substance inactive obtenue
soit une combinaison chimique que les deux antipodes
cherchés forment par leur union en quantités égales ; dans
ce cas, la solution éyaporée ne donne plus deux espèces
de cristaux : les cristaux obtenus ont tous la même forme,
et cette forme est identique à son image dans un miroir.
Pasteur avait déjà montré que les substances inactives connues sous le nom de *racémates* résultaient de la combinaison d'un tartrate droit avec une égale quantité d'un tartrate gauche ; de là le nom de *combinaisom racémique*
donné au corps inactif qu'engendrent deux antipodes
optiques en se combinant à masses égales. Dédoubler en
leurs deux composants optiquement inverses les substances inactives que la stéréochimie conduit à regarder comme
des combinaisons racémiques, tel est le but poursuivi par
les tenants de la nouvelle doctrine ; leurs efforts vers ce
but ont été persévérants et conduits par des méthodes
extrêmement ingénieuses ; très souvent, le succès a couronné ces efforts. Par ces succès, la notation stéréochimique a conquis le caractère de fécondité qui, seul, justifie
pleinement l'emploi d'un symbolisme scientifique : non
seulement elle a servi à classer méthodiquement les vérités
déjà connues, mais encore elle a été instrument de découvertes.

CHAPITRE VIII

Nous venons d'exposer les principes fondamentaux de la Chimie moderne et rien, dans cet exposé, n'a fait intervenir les doctrines des atomistes, soit pour les confirmer, soit pour les combattre. Des lois d'origine expérimentale, la loi de la conservation de la masse, la loi des proportions définies, la loi des proportions équivalentes et des proportions multiples, ont été mises à la base de cette science ; à ces lois, se sont jointes certaines notions semblables à celles que l'on trouve dans les sciences naturelles, la notion d'*analogie chimique,* la notion de *substitution chimique* ; des symboles, numériques ou géométriques, ont permis de traduire ces notions sous une forme saisissable à l'imagination, jetant par là sur la classification chimique une admirable clarté ; mais rien ne nous a contraint de nous prononcer sur la nature du mixte, de choisir entre les disciples d'Épicure et les partisans d'Aristote.

Il n'en faudrait pas conclure que ceux dont les découvertes ont créé et développé la Chimie moderne aient été exempts de tout souci touchant les doctrines atomistiques.

Sans doute, un certain nombre de chimistes, et non des moindres, se sont prudemment tenus à l'écart de ces doctrines : Richter ne leur a fait aucun emprunt, et c'est plutôt aux tendances pythagoriciennes qu'il faudrait rapporter ses remarques sur les valeurs numériques des masses équivalentes, remarques dont l'esprit se retrouve dans certains écrits de Dumas et surtout dans les travaux de Mendeleef. D'autres, parmi les créateurs de la science chimique, semblent éviter avec un soin jaloux toute hypothèse sur la nature des mixtes et ne veulent rien admettre qui ne soit exactement tiré de l'expérience. Mais beaucoup demandent aux hypothèses épicuriennes d'interpréter les lois déjà connues ou de conduire à la découverte de principes nouveaux.

Déjà, en 1790, Higgins admettait que les atomes des éléments qui entrent en combinaison ont des masses fixes et se groupent en nombre déterminé pour former une molécule du composé : à cette conception fondamentale, il mêlait, il est vrai, plusieurs hypothèses inadmissibles, laissant ainsi à John Dalton l'honneur de créer la théorie atomique moderne.

La théorie atomique a-t-elle servi de guide à Dalton et l'a-t-elle conduit à la découverte de la loi des proportions multiples ? Les résultats de l'expérience ont-ils, au contraire, précédé, dans l'ordre de ses recherches, l'interprétation hypothétique fournie par les doctrines épicuriennes ? Il est malaisé de trancher ce dilemme (1). Qu'il soit d'ailleurs résolu dans un sens ou dans l'autre, la pensée de Dalton n'en demeure pas moins parfaitement claire.

_____

(1) Sur l'histoire des travaux de Dalton, voir Ad. WÜRTZ, *La Théorie atomique*, pp. 17 et suiv.

Les corps simples sont formés d'*atomes*. Les atomes d'un même corps simple sont tous égaux entre eux ; ils ont tous même masse. Les atomes de deux corps simples différents ont des masses différentes, et ces masses sont entre elles comme les équivalents de ces corps simples : ainsi, pour les divers corps simples, les équivalents mesurent les *masses atomiques* et l'on peut leur attribuer cette dénomination.

Tout corps composé est réductible en *molécules*. Les molécules d'un même composé sont toutes identiques entre elles ; chacune d'elles est formée d'un certain nombre, nécessairement entier, d'atomes de chacun des corps simples qui concourent à la formation du composé. La formule chimique d'une combinaison exprime simplement quels atomes et en quel nombre sont unis en une molécule de la combinaison. Ainsi, dire que la formule de l'acide chlorhydrique est HCl, c'est dire que la molécule d'acide chlorhydrique contient un atome d'hydrogène et un atome de chlore ; dire que la formule de l'eau est H^2O, c'est dire que la molécule d'eau renferme deux atomes d'hydrogène et un atome d'oxygène. La similitude de deux formules ne représente pas seulement l'analogie toute subjective de deux composés chimiques ; elle dénote la structure semblable de leurs molécules, source objective de l'analogie chimique.

Telles sont les idées que Dalton émet et développe de 1803 à 1808, que Thomson et Wollaston font pénétrer dans le domaine public. Bientôt, on les retrouve dans une foule d'écrits touchant la chimie. Amedeo Avogadro en 1813, Ampère en 1814 les adoptent ; aux édifices, caractéristi-

ques de chaque composé, qui forment les atomes élémentaires de ce composé, ils donnent le nom de *molécules
intégrantes*, déjà employé par Haüy pour désigner les solides dont le groupement constitue un cristal ; et ils ensei-
gnent qu'à la même température et sous la même pression, l'unité de volume de tous les gaz renferme le même
nombre de molécules intégrantes : telle est la forme sous
laquelle se trouve d'abord énoncée la loi qui joue un si
grand rôle dans la fixation des formules chimiques.

L'édifice que forment les atomes de divers corps simples lorsqu'en s'unissant ils engendrent une molécule d'un
corps composé est identique à la molécule intégrante dont
la répétition produit un cristal ; dès lors, des édifices
semblables, qui caractérisent des composés analogues,
doivent former des cristaux semblables. Ainsi, aux hypothèses précédentes se relie très naturellement la loi de
l'isomorphisme ; et c'est bien de la sorte que Mitscherlich
comprend le grand principe dont il enrichit la science chimique, témoin l'énoncé qu'il en donne : « Le même
nombre d'atomes, combinés de la même manière, produisent la même forme cristalline ; et cette même forme
cristalline est indépendante de la nature chimique des atomes et n'est déterminée que par le nombre et la position
relative des atomes. »

Toutes les notions, tous les principes qui contribuent
à fixer la *formule brute* d'un composé chimique trouvent
leur interprétation en la théorie atomique ; il en est de
même de la notion de valence, fondement de la *formule
développée*.

Chaque atome possède une ou plusieurs *atomicités*

l'atomicité, c'est ce par quoi un atome peut s'attacher à un autre atome ; ou, plutôt, pour que deux atomes s'unissent, il faut qu'un certain nombre d'atomicités du premier et un nombre égal d'atomicités du second se joignent chacune à chacune.

Il est des atomes qui ne possèdent qu'une atomicité : ce sont les atomes du chlore, du brome, de l'iode, de l'hydrogène, du potassium, etc. ; chacun de ces atomes ne peut évidemment s'unir qu'avec un seul atome de la même classe ; lorsqu'une pareille union s'est effectuée par la soudure de l'atomicité unique de l'un de ces atomes à l'atomicité unique de l'autre, ces deux atomes ne présentent plus aucune atomicité libre : ils sont *saturés*.

Il y a des atomes qui possèdent deux atomicités : l'oxygène, le calcium sont dans ce cas ; l'atome d'oxygène pourra s'unir à deux atomes d'hydrogène, dont chacun, par son atomicité unique, viendra saturer une des atomicités de l'atome d'oxygène ; l'atome de calcium pourra se combiner avec deux atomes de chlore ; ainsi se formeront l'eau, le chlorure de calcium. Mais un atome d'oxygène se combinera avec un seul atome de calcium, car chacun d'eux, ayant deux atomicités à saturer, aura besoin pour lui seul des deux atomicités de l'autre.

Lorsqu'un atome d'hydrogène se trouve dans un corps composé, son atomicité unique sature une des atomicités du reste du composé ; le chlore qui, lui aussi, présente une seule atomicité, sera également apte à saturer cette atomicité unique en se saturant lui-même ; un atome de chlore et un atome d'hydrogène pourront donc, dans un même édifice moléculaire, se substituer l'un à l'autre.

. Au contraire, pour qu'un atome d'oxygène, qui possède deux atomicités à saturer, puisse se placer dans un édifice moléculaire, il faudra que la partie de l'édifice qui disparaît pour lui faire place laisse libres deux atomicités ; pour que cette introduction d'un atome d'oxygène devienne possible, il ne suffirait pas d'enlever à l'édifice moléculaire un seul atome d'hydrogène ou un seul atome de chlore ; cette opération ne dégagerait qu'une seule atomicité ; il faudra enlever deux atomes d'hydrogène ou deux atomes de chlore ; l'oxygène possède donc cette propriété qu'un seul de ses atomes se substitue à deux atomes d'hydrogène ou à deux atomes de chlore.

Ces exemples suffisent à montrer comment, dans la théorie de la constitutiou atomique de la matière, on rend compte des phénomènes de substitution. Ce que nous avons appelé *nombre de valences* d'un élénent, c'est le *nombre d'atomicités* que possède l'atome de ce corps élémentaire ; les traits qui, dans nos formules développées, représentaient les valences échangées, représentent en réalité comment se saturent deux à deux les atomicités des divers atomes groupés dans la molécule.

Tout ce que nous venons de dire est très général ; nous avons parlé des atomicités que possède un atome sans préciser la nature intime de ces atomicités ; il est, en effet, plus aisé de décrire comment l'École atomistique fait intervenir l'atomicité dans les phénomènes de substitution que de marquer comment elle explique cette propriété singulière de l'atome ; la plupart des chimistes de cette École évitent de se prononcer sur la nature de ce je ne sais quoi qui soude deux atomes l'un à l'autre et qui a,

peut-être, le défaut de trop ressembler aux classiques crochets dont Lucrèce armait ses corpuscules.

Quelques physiciens, cependant, n'ont point imité
cette prudente réserve et ont tenté de dire en quoi con-
sistait l'atomicité. Le P. A. Leray regarde les atomes
comme des polyèdres et l'atomicité qu'ils possèdent
est en relation avec les facettes qui les terminent. Déve-
loppant les idées de lord Kelvin, M. J. Thomson admet
que les atomes sont des *anneaux-tourbillons,* nés au sein
d'un fluide parfait, l'*éther*; les nœuds par lesquels ces
anneaux peuvent s'enlacer les uns aux autres diffèrent
selon la figure, simple ou compliquée, de ces anneaux ;
de là les diverses atomicités que peuvent présenter les
atomes des éléments chimiques. Toutes ces hypothèses
ont un caractère commun et, semble-t-il, inévitable ;
c'est à la forme de l'atome qu'elles attribuent l'atomicité.

C'est encore à la forme de l'atome que l'on attribuera
le pouvoir rotatoire si l'on veut interpréter la stéréochimie
selon les doctrines atomiques : on regardera l'atome de
carbone comme ayant la forme tétraédrique ou, tout au
moins, comme présentant les mêmes éléments de symétrie qu'un tétraèdre.

Il semble donc que la chimie moderne possède des
méthodes sûres et fécondes qui lui permettent d'analyser
la structure des molécules chimiques, l'agencement des
atomes au sein de ces molécules et la figure même de ces
atomes. « C'est la voie dans laquelle la Chimie est entrée
récemment (1), et combien ont été rapides les progrès

---

(1) Ad. Würtz. *La Théorie atomique,* p. 189.

accomplis dans cette direction depuis une vingtaine d'années ! que d'obscurités dissipées dans ce problème ardu de la structure intime des molécules chimiques, problème que Gerhardt avait déclaré inabordable ! »

Triomphe prématuré ! Les symboles qu'emploie la Chimie moderne, formule brute, formule développée, formule stéréo-chimique, sont des instruments précieux de classification et de découverte tant qu'on les regarde seulement comme les éléments d'un langage, d'une notation, propre à traduire aux yeux, sous une forme particulièrement saisissante et précise, les notions de composés analogues, de corps dérivés les uns des autres, d'antipodes optiques. Lorsqu'on veut, au contraire, les regarder comme un reflet, comme une esquisse de la structure de la molécule, de l'agencement des atomes entre eux, de la figure de chacun d'eux, on se heurte bientôt à d'insolubles contradictions.

Examinons, par exemple, les difficultés auxquelles on se heurte lorsqu'on cherche à substituer à la notion de valence la notion d'atomicité envisagée comme une propriété intrinsèque de l'atome, comme une conséquence de sa figure.

Le nombre de valences que possède un élément donné dans une combinaison donnée est un nombre bien défini ; ainsi le chlore, le brome et l'iode sont univalents dans les acides chlorhydrique, bromhydrique, iodhydrique ; l'oxygène est bivalent dans l'eau ; l'azote est trivalent dans l'ammoniaque ; le carbone est quadrivalent dans le méthane. Mais il n'en faut pas conclure que le nombre des valences d'un élément soit un nombre entièrement déterminé, d'une manière absolue, abstraction faite de la combinaison dans laquelle cet élément est engagé et de la manière dont il s'y trouve engagé. Le nombre des valences d'un élément peut varier selon que cet élément fait partie d'une combinaison ou d'une autre ; le carbone, quadrivalent dans le méthane ou le gaz carbonique, est bivalent dans l'oxyde de carbone ; l'azote, trivalent dans l'ammoniaque, est quintivalent dans l'iodure d'ammonium. Il y a plus ; lorsque deux équivalents d'un même élément figurent dans une même combinaison, ils y peuvent figurer avec un nombre de valences différent ; dans l'azotite d'ammonium, l'équivalent d'azote qui provient de l'ammonium est quintivalent et celui qui provient de l'acide nitreux est trivalent ; l'éthylcarbylamine renferme deux équivalents de carbone quadrivalents et un équivalent de carbone qui présente seulement deux valences.

Cette variation du nombre des valences d'un élément avec la combinaison dans laquelle il se trouve engagé est donc un fait indéniable. Elle n'est pas sans embarrasser quelque peu les chimistes qui veulent envisager la valence ou l'atomicité comme une propriété élémentaire de l'atome.

Prenons, par exemple, l'atome d'azote ; il doit, selon les circonstances, se montrer trivalent ou quintivalent. Quelle que soit donc l'interprétation que l'on voudra donner de la valence ou atomicité, on devra en tous cas admettre que l'azote présente tout d'abord trois atomicités, que nous nommerons *atomicités de premier ordre*, et qui sont celles où viennent se fixer les trois atomes d'hydrogène de l'ammoniaque ; puis, qu'il présente deux autres

atomicités, que nous nommerons *atomicités de second
ordre*, et qui sont celles où viennent se fixer les éléments
de l'acide iodhydrique dans la formation de l'iodure
d'ammonium.

Une atomicité du second ordre de l'atome d'azote ne
pourra pas être due à la même cause, agissant de la même
manière et dans les mêmes proportions, qu'une atomicité
du premier ordre. En effet, s'il en était ainsi, si les cinq
atomicités étaient absolument identiques entre elles, les
raisons de symétrie rendraient absurde l'existence de
composés, tels que l'ammoniaque, où trois de ces atomicités seraient satisfaites tandis que les deux autres seraient
libres. Nous devons donc admettre qu'entre une atomicité
de premier ordre de l'atome d'azote et une atomicité de
second ordre du même atome, il existe une différence
essentielle, quelles que soient d'ailleurs l'origine et la
nature de cette différence.

Or, cette distinction essentielle que nous sommes
obligés d'établir entre les atomicités du premier ordre et
les atomicités du second ordre, dès là que nous voulons
regarder ces atomicités comme des propriétés intrinsèques
de l'atome d'azote, cette distinction est-elle admissible ?

Prenons de l'éthylamine ; dans ce corps, le groupe
éthyle C^2H^5 est fixé à une atomicité de premier ordre de
l'atome d'azote ; combinons cette substance avec de l'acide
iodhydrique, dont les éléments iront se fixer aux atomicités de second ordre ; nous obtiendrons l'iodure d'éthylammonium.

Prenons maintenant de l'ammoniaque, dans laquelle
les trois atomicités du premier ordre de l'azote sont satu-

rées par trois atomes d'hydrogène; combinons-la avec l'iodure d'éthyle; l'iode va saturer une des atomicités de second ordre et l'éthyle se fixera à l'autre; nous obtiendrons ainsi un corps dont la composition sera la même que celle du précédent.

Ces deux corps, de même composition, sont formés d'une manière différente; dans l'un, le groupe éthyle est fixé à une atomicité de premier ordre; dans l'autre, il est fixé à une atomicité de second ordre; puis donc que ces deux atomicités d'ordre différent ne peuvent être identiques, les deux composés ne peuvent, non plus, être idenques; les deux réactions que nous avons décrites doivent donner deux iodures d'éthylammonium isomères l'un de l'autre.

Or, l'expérience montre que les produits de ces réactions sont non pas deux isomères différents, mais un seul et même corps.

Les faits de ce genre — et ils sont nombreux — sont difficilement explicables si l'on veut regarder les atomes isolés comme possédant un nombre déterminé d'atomicités, quelle que soit d'ailleurs la propriété de ces atomes par laquelle on cherche à expliquer ces atomicités.

A ces objections, il est vrai, une réponse a été faite, qu'il nous faut discuter; elle consiste à nier que le nombre des valences d'un élément puisse varier selon le composé où cet élément se trouve engagé: et voici comment plusieurs chimistes formulent cette négation:

Le nombre des valences d'un élément donné est rigoureusement invariable: l'atome d'azote, par exemple, possède toujours cinq atomicités équivalentes entre elles ; l'atome de carbone en possède toujours quatre.

Chacune de ces atomicités peut être saturée par une atomicité empruntée à un autre atome ; ainsi, dans l'iodure d'ammonium, les cinq atomicités de l'atome d'azote sont saturées par cinq atomicités empruntées à quatre atomes d'hydrogène et à un atome d'iode ; dans le gaz carbonique, les quatre atomicités du carbone sont saturées par leur union avec deux atomes diatomiques d'oxygène ; dans ces conditions, l'azote nous apparaît pentatomique, le carbone tétratomique.

Mais une atomicité, appartenant à un atome donné, peut également être saturée par une autre atomicité appartenant au même atome : ces deux atomicités, se saturant l'une l'autre, deviennent inactives dans les diverses réactions auxquelles l'atome prend part, et celui-ci semble offrir deux atomicités de moins qu'il n'en possède en réalité. Par exemple, dans l'ammoniaque, deux atomicités de l'atome d'azote se saturent l'une l'autre et l'atome ne dispose plus que de trois atomicités auxquelles se fixent trois atomes d'hydrogène ; en sorte que, dans l'ammoniaque, l'azote *paraît* triatomique. Dans l'oxyde de carbone, deux atomicités de l'atome de carbone s'unissent l'une à l'autre, et l'oxygène ne peut plus saturer que deux atomicités de l'atome de carbone, qui *semble* diatomique.

Ainsi le nombre de valences d'un élément, fixe en réalité, est variable en apparence ; mais dans ses variations apparentes, il augmente ou diminue toujours de deux ou d'un multiple de deux, en sorte qu'un élément donné présente un nombre apparent de valences qui est variable selon le composé où cet élément se trouve engagé, mais qui est soit toujours pair, soit toujours impair. L'azote doit, selon ce système, offrir toujours un nombre impair de valences ; le nombre apparent de valences du carbone doit être toujours pair.

Après un examen superficiel du domaine chimique, cette règle semble confirmée par les faits ; « Pour les éléments, dit Würtz (1), les changements dans la capacité de saturation, c'est-à-dire la progression de l'atomicité, ont lieu le plus souvent d'après deux modes différents, tantôt suivant la série des nombres pairs, tantôt suivant la série des nombres impairs... Cette distinction entre les éléments d'atomicité paire et les éléments d'atomicité impaire n'est pas sans importance, au moins pour quelques-uns... Mais il faut ajouter que cette règle souffre des exceptions. »

Quelques-unes de ces exceptions sont des mieux caractérisées.

Les travaux de Marignac ont mis en évidence l'isomorphisme des fluoxytungstates avec les fluotungstates ; or, les premiers composés dérivent des seconds par substitution d'un seul équivalent d'oxygène à un seul équivalent de fluor ; les valences que saturait cet équivalent de fluor avant la substitution, doivent être saturées, après la substitution, par l'équivalent d'oxygène ; comment concilier cette proposition incontestable avec l'hypothèse précédente qui attribue au fluor un nombre de valences toujours impair et à l'oxygène un nombre de valences toujours pair ?

_____

(1) Ad. Würtz. *La Théorie atomique*, p. 186.

D'accord avec toutes les analogies chimiques, la loi d'Avogadro et d'Ampère exige que l'on attribue à l'oxyde azotique la formule AzO ; un seul équivalent d'azote y est uni à un seul équivalent d'oxygène; forcément, dans ce composé, le nombre apparent de valences est le même pour l'azote et l'oxygène : or, l'hypothèse précédente exigerait que l'azote ait un nombre impair et l'oxygène un nombre pair de valences.

On pourrait multiplier les exemples de composés qui échappent à la règle en discussion : « Le chlore (1), quadrivalent dans le peroyxde ClO^2, est quintivalent dans l'acide chlorique $ClO^2(OH)$. Le manganèse, bivalent dans $MnCl^2$ et dans MnO, sexvalent dans le manganate de potassium $MnO^2(OK)^2$, est septivalent dans le permanganate $MnO^3(OK)$. Le tungstène, quintivalent dans le pentachlorure WCl^5, est sexvalent dans l'hexachlorure WCl^6. L'uranium, bivalent dans le bichlorure UCl^2, est trivalent dans le chlorure d'uranyle $UOCl$, quintivalent dans le pentachlorure UCl^5. Le vanadium, trivalent dans le trichlorure $VaCl^3$, est quadrivalent dans le bichlorure de vanadyle $VaOCl^2$ et quintivalent dans le trichlorure de vanadyle $VaOCl^3$. »

La théorie selon laquelle chaque atome possède des atomicités en nombre invariable, mais capables de se saturer entre elles, est donc en désaccord flagrant avec les faits.

Ainsi, la notation chimique moderne, fondée sur la notion de valence, et si improprement nommée *notation atomique*, se montre admirable instrument de classifica-

---

(1) Ad. WURTZ. *La Théorie atomique*, p. 188.

tion et de découvertes tant qu'on y cherche seulement une représentation figurée, un schéma des idées diverses qui ont trait à la substitution chimique ; mais lorsqu'on y cherche une image de l'agencement des atomes et de la structure des molécules, on ne rencontre plus de toutes parts qu'obscurité, incohérence et contradiction.

En cet immense édifice, qui est la Chimie moderne, et à la construction duquel les hypothèses épicuriennes ont pris une si grande part, ne reste-t-il donc rien qui puisse servir à étayer ces hypothèses ? Aux doctrines atomistiques, il reste un fondement dont il ne faut ni méconnaître l'existence, ni exagérer la solidité, et ce fondement, c'est la loi des proportions multiples.

Dans l'acétylène, 1 gramme d'hydrogène est combiné avec 12 grammes de carbone ; toutes les fois qu'un composé renfermera de l'hydrogène et du carbone, les masses de ces deux corps qui y entreront seront entre elles comme n et $m \times 12$, m et n étant deux nombres entiers ; ou bien encore, dans tout composé chimique qui renferme du carbone et de l'hydrogène, la masse du premier corps est à la masse du second dans un rapport qui peut s'écrire $12 \times \frac{m}{n}$, $\frac{m}{n}$ étant un *nombre commensurable*. Tel est l'enseignement de la loi des proportions multiples.

Au temps de Dalton, on aurait, à l'énoncé précèdent, joint la condition que les deux nombres entiers m et n soient deux *nombres simples* ; cette restriction ne serait plus de mise aujourd'hui où, dans un corps tel que l'hydrure de cétyle, les chimistes attribuent aux nombres m et n les valeurs $m = 16$, $n = 34$; où, dans une paraffine, ils écrivent $m = 27$, $n = 56$.

Quel est donc le sens exact de la vérité que nous venons d'énoncer ? Est-ce une vérité qui, par induction, se tire des faits d'expérience ? Il est aisé de démontrer qu'une telle loi n'est pas et ne peut être vérifiée par l'expérience ; qu'il est et qu'il sera toujours absurde d'en demander la vérification à la méthode expérimentale.

Le propre de la méthode expérimentale, c'est d'avoir une sensibilité de jour en jour plus aiguisée, mais toujours limitée ; de fournir des renseignements affectés d'une erreur qui va diminuant sans cesse, mais qui n'est jamais nulle. Aucune méthode de mesure ne donne l'exacte valeur de la grandeur à mesurer, mais seulement deux limites entre lesquelles cette valeur est certainement comprise. Aucun procédé d'analyse chimique, si subtil qu'on le suppose, ne nous peut donner l'exact rapport entre la masse du carbone et la masse de l'hydrogène dans un composé chimique ; il nous fait seulement connaître deux nombres A et B entre lesquels ce rapport est compris.

Or, entre deux nombres donnés A et B, si proches soient-ils, on peut insérer une infinité de nombres tels que $12 \times \frac{m}{n}$, où $\frac{m}{n}$ est un nombre commensurable : on peut également insérer une infinité de nombres tels que $12 \times i$, où i est un nombre incommensurable. Dans le composé considéré, le rapport de la masse du carbone à la masse de l'hydrogène est-il de la première forme ou de la seconde ? L'expérience ne peut trancher le litige. La loi des proportions multiples ne peut être ni vérifiée, ni contredite par la méthode expérimentale ; elle échappe aux prises de cette méthode.

Ainsi donc, que nous admettions ou que nous rejetions la loi des proportions multiples, nous sommes également certains que les faits ne nous prendront point en défaut. N'est-ce pas dire que nous sommes également et entièrement libres d'affirmer ou de nier cette loi ? Qu'il nous est loisible, si nous y trouvons quelque avantage au point de vue des notations chimiques, de la poser à titre de convention arbitraire ? Plusieurs auteurs ne lui attribuent pas aujourd'hui d'autre valeur.

Si la loi des proportions multiples est une convention purement arbitraire, un simple décret de notre bon plaisir, il en est de même de toute proposition qui a en elle son fondement nécessaire, de toute notion qui n'a de sens que par elle. Or, la notion de type condensé, la notion de valence, partant, l'emploi des formules chimiques développées, perdent toute signification si l'on supprime la loi des proportions multiples. Qui donc, cependant, oserait, sain d'esprit, affirmer que cette notation si féconde, mère de découvertes qui ont transformé la science et bouleversé l'industrie, n'est qu'un pur jeu d'esprit ? Que nous sommes également libres de concevoir ou de ne pas concevoir les idées qu'elle met en œuvre ? Que les propositions sur lesquelles elle repose ne sont ni vraies, ni fausses, mais absolument conventionnelles et arbitraires ?

« La nature soutient la raison impuissante et l'empêche d'extravaguer jusqu'à ce point. » Force nous est de reconnaître qu'en énonçant la loi des proportions multiples, qui est, par nature, transcendante à l'expérience, le chimiste entend énoncer une proposition ayant quelque fondement dans la réalité ; que la puissance et la fécon-

dité du système chimique dont la loi des proportions multiples est la base justifient *a posteriori* ce postulat.

Peut-on pousser plus loin? Peut-on préciser le fondement réel, objectif, de la loi des proportions multiples ?
C'est à cette question que la théorie atomique donne une
réponse saisissante par sa simplicité. Si, dans tous les
composés chimiques qui renferment du carbone et de
l'hydrogène, les masses de carbone et d'hydrogène sont
entre elles comme $m \times 12$ et n (m et n étant deux
nombres entiers), c'est que les masses des atomes de carbone et d'hydrogène sont entre elles comme 12 et 1, et
que toute molécule contenant du carbone et de l'hydrogène contient forcément un nombre entier d'atomes de
chacun de ces deux corps.

Visiblement, la réponse est satisfaisante et peut passer
pour une victoire de la théorie atomique, victoire d'autant
plus marquée que cette interprétation de la loi des proportions multiples n'a pas été imaginée après coup, qu'elle
est, au contraire, contemporaine de la loi et qu'elle a,
peut-être, présidé à sa découverte.

Cette victoire est-elle décisive? Pour qu'il en fût ainsi,
il faudrait que l'interprétation de la loi des proportions
multiples, fournie par la théorie atomique, fût non pas
seulement une interprétation plausible, séduisante, mais
encore la seule interprétation possible. Or, qui oserait se
porter à ce point garant de cette interprétation et affirmer
qu'aucune autre explication ne saurait jamais être fournie?
Il y a plus : lorsqu'on constate avec quelle aisance, avec
quelle clarté, tous les principes de la chimie moderne
viennent se ranger en un exposé d'où le nom et l'idée

d'atome sont également bannis, quelles difficultés, quelles contradictions surgissent aussitôt que l'on veut interpréter ces principes selon les doctrines des atomistes, on ne saurait se défendre de penser que l'unique succès de la théorie atomique est une victoire apparente et sans lendemain ; que cette théorie ne nous fait point connaître le vrai fondement objectif de la loi des proportions multiples ; que ce fondement est encore à découvrir ; enfin, qu'à tout prendre et peser exactement, la chimie moderne ne plaide point en faveur des doctrines épicuriennes(1).

----

(1) Le lecteur au courant des lois cristallographiques verra sans peine que tout ce qui est dit ici de la loi des proportions multiples et de son interprétation par les hypothèses atomiques peut se répéter textuellement de la loi des indices rationnels et de son interprétation soit par les molécules intégrantes d'Haüy, soit par les réseaux de Bravais.

CHAPITRE IX

De la Chimie actuelle nous n'avons encore tracé qu'un tableau incomplet. Il y a quelque trente ans, une branche nouvelle a surgi ; pour croître, elle a dû faire éclater les vieux moules où, depuis trois siècles, s'étaient coulées les doctrines chimiques, faire craquer l'écorce épaisse des hypothèses atomistiques, cartésiennes et newtoniennes ; aujourd'hui, parvenue à son entier développement, elle nous apparaît comme un surgeon issu de la vieille souche péripatéticienne, rajeunie et vivifiée par une sève nouvelle ; cette branche vigoureuse et touffue, c'est la Mécanique chimique.

L'eau est un corps de composition entièrement définie ; la masse d'oxygène qu'elle contient est huit fois plus grande que la masse d'hydrogène qu'elle renferme ; selon sa formule brute, deux équivalents d'hydrogène y sont unis à un équivalent d'oxygène ; selon sa formule développée, chacune des deux valences de l'oxygène bivalent y est saturée par une valence de l'hydrogène univalent ; par ces renseignements, nous voyons nettement les substitutions qui relient l'eau aux acides, aux bases, aux alcools ; la place de l'eau dans la classification chimique est marquée avec une parfaite clarté ; et cependant savons-nous, au sujet de ce corps, tout ce que nous pouvons légitimement désirer de connaître ?

Dans des conditions données de température, de pression, nous mélangeons de l'oxygène et de l'hydrogène. Ces deux corps vont-ils se combiner pour former de l'eau ? S'ils se combinent, la combinaison sera-t-elle totale ou partielle ? Si elle n'est que partielle, quelle règle en fixera la limite ? De l'eau est placée en des circonstances déterminées. Demeurera-t-elle inaltérée ? Se résoudra-t-elle entièrement en ses éléments ? Ne subira-t-elle qu'une décomposition partielle et, dans ce cas, jusqu'à quel point sera-t-elle dissociée ? Ces questions s'offrent, inévitables et pressantes, aux méditations du chimiste ; car enfin, quelle science incomplète serait la sienne si, après avoir exactement classé les composés chimiques selon leurs analogies, exactement marqué les substitutions par lesquelles ces corps peuvent dériver les uns des autres, il ne savait prévoir dans quelles circonstances une réaction déterminée se produira, dans quelles conditions un corps déterminé naîtra ou se détruira.

Or, à toutes ces questions, les doctrines chimiques que nous avons exposées jusqu'ici ne trouvent pas un mot à répondre.

Pourquoi ce silence ? D'où vient l'impuissance que ce mutisme fait éclater ?

Au moment même que les hypothèses des atomistes, longtemps dédaignées des chimistes, reprenaient faveur, s'emparaient des découvertes issues de la notion de substitution chimique et semblaient y trouver des confirmations chaque jour plus nombreuses et plus éclatantes, un homme

osa signaler ces hypothèses comme une cause de stérilité ;
il osa affirmer que l'on ne découvrirait pas les lois qui président aux combinaisons et aux décompositions tant qu'on
chercherait sous les réactions chimiques des unions et des
séparations d'atomes ; il osa déclarer que, pour constituer
la Mécanique chimique, il fallait considérer la mixtion au
point de vue simple, obvie, qu'avait indiqué Aristote ; on
devait, disait-il, étudier les changements physiques mesurables qui accompagnent l'acte de la mixtion ; et alors, à
l'aide de la thermodynamique, on parviendrait à fixer les
conditions qui assurent la formation ou la destruction des
diverses combinaisons.

Cet homme, dont les vues parurent singulièrement
routinières et rétrogrades à ceux qu'enthousiasmaient alors
les doctrines atomistiques, mais dont il nous faut, aujour-
d'hui, admirer et célébrer la clairvoyance scientifique
et philosophique, se nommait Henri Sainte-Claire
Deville.

« Toutes les fois, disait Sainte-Claire Deville (1), que
l'on a voulu imaginer, dessiner des atomes, des groupements de molécules, je ne sache pas qu'on ait réussi à faire
autre chose que la reproduction grossière d'une idée préconçue, d'une hypothèse gratuite, enfin de conjectures
stériles. Ces représentations n'ont jamais inspiré une
expérience sérieuse : elles sont toujours venues non pour
prouver, mais pour séduire ; et ces illustrations qui sont

_____

(1) H. SAINTE-CLAIRE DEVILLE, *Leçons sur l'Affinité,* professées devant
la Société chimique le 28 février et le 6 mars 1867. (*Leçons de la Société
chimique,* année 1866-1867, p. 52.)

aujourd'hui si fort en vogue sont, pour la jeunesse de nos écoles, un danger plus sérieux qu'on ne pense. Elles frappent les yeux et satisfont l'esprit d'une manière trompeuse : elles font croire à une interprétation réelle des faits et oublier notre ignorance. Car savoir qu'on ignore est nécessaire pour vouloir apprendre. »

Qu'est-ce donc qu'expriment les formules chimiques ? Le groupement des atomes simples, indestructibles au sein de la molécule du corps composé! Non point : les corps qui entrent en combinaison cessent d'exister au sein de la combinaison ; «on ne peut admettre(1) dans le sulfate de potasse la présence simultanée de l'acide sulfurique et de la potasse tels que nous les connaissons à l'état de liberté». La formule chimique exprime non point ce qui subsiste réellement et actuellement dans le composé, mais ce qui s'y trouve en puissance, ce qu'on en peut tirer par des réactions appropriées : « Quand on sature une dissolution d'acide sulfurique par une dissolution de potasse, en les mélangeant en proportions convenables, on se demande ce que sont devenus les éléments après la combinaison. Une première hypothèse, la plus ancienne, nous fait admettre que l'acide et la base subsistent dans le sel, ce qu'exprime la formule rationnelle SO^3,KO du sulfate de potasse. Une autre hypothèse nous ferait croire que les éléments se seraient groupés de manière à représenter un système SO^4 absolument inconnu qui s'unirait au potassium. Aucune de ces hypothèses n'est nécessaire... Au fond, les formules rationnelles n'expliquent rien. Elles indiquent simple-

---

(1) H SAINTE-CLAIRE DEVILLE, *loc. cit.*, p. 22.

ment la possibilité d'extraire d'un système chimique complexe des éléments moins complexes eux-mêmes au moyen
de certains procédés indiqués par l'expérience. Ainsi, en
décomposant les sulfates par la chaleur, on les sépare en
acide sulfurique et en base. En décomposant ces mêmes
sulfates par la pile, on les transforme en métal qui se
rend au pôle négatif, en acide sulfurique et oxygène (SO^4)
qui se rendent au pôle positif. »

Mêlons de l'hydrogène et du chlore ; à la lumière dif-
fuse, le mélange se transforme lentement en acide chlorhydrique. Les chimistes ont tenté de se représenter cette
transformation par des jeux d'atomes ; pour les uns,
l'atome H et l'atome Cl, libres tous deux, s'unissent pour
former les molécules HCl ; pour d'autres, leurs successeurs, entre les deux molécules H-H et Cl-Cl s'opère
une double substitution qui donne deux molécules H-Cl.
Mais pour l'observateur prudent qui repousse les chimères
des atomistes, il y a simplement changement d'un corps en
un autre corps doué de propriétés différentes ; et ce changement est accompagné de certains effets mesurables, par
exemple de dégagement d'une certaine quantité de chaleur.

Disparition d'un corps ou d'un ensemble de corps et
apparition d'un autre corps doué de propriétés différentes ;
conservation de la masse du système pendant cette transformation ; changement, par contraction ou par dilatation, du volume qu'il occupe ; dégagement ou absorption
d'une certaine quantité de chaleur ; voilà, en définitive,
tout ce que l'observation attentive nous révèle dans une
réaction chimique, tout ce que nous pouvons et devons
analyser et mesurer.

Mais tous ces caractères ne se retrouvent-ils pas dans une foule de transformations dont l'étude, délaissée du chimiste, est abandonnée au physicien, dans la dissolution d'un sel dans l'eau, dans le changement du phosphore blanc en phosphore rouge, dans la fusion de la glace, dans la vaporisation de l'eau? « Il y aura donc là un simple phénomène de changement d'état (1)... En effet, la combinaison et la dissolution ne peuvent être caractérisées que par un changement d'état. Ce changement d'état lui-même est caractérisé par la production d'une propriété physique quelconque existant dans le composé, et qu'on ne retrouve pas au même degré dans le mélange d'où la combinaison provient. Aussi toutes ou presque toutes les circonstances physiques qui accompagnent les changements d'états relatifs à la cohésion se retrouvent-elles lorsqu'on étudie les changements d'états relatifs à l'affinité. Le caractère général est la perte ou le gain de chaleur latente. »

Les règles qui décideront si une réaction chimique déterminée se produira ou ne se produira pas s'énonceront en des formules où figureront seuls les éléments mesurables de cette réaction : la pression sous laquelle elle se produit, la température à laquelle elle a lieu, le changement de volume qu'elle détermine, la quantité de chaleur qu'elle dégage ou qu'elle absorbe. Mais ces éléments sont aussi ceux que l'expérimentateur étudie et mesure au cours d'un changement d'état physique quelconque. Dès lors, n'est-il pas à prévoir que des règles de

---

(1) H. Sainte-Claire Deville, *loc. cit.*, p. 5.

même forme marqueront la nécessité ou l'impossibilité d'une réaction chimique, la nécessité ou l'impossibilité d'une fusion, d'une vaporisation, d'une modification allotropique, d'une dissolution? N'est-il pas à prévoir que la mécanique physique et la mécanique chimique ne formeront pas deux sciences séparées, procédant par des méthodes différentes à partir de principes distincts, mais une science unique, la mécanique des changements d'état? « Si la combinaison(1) affecte surtout ce que nous appelons les propriétés chimiques des corps, si la dissolution n'en altère sensiblement que les propriétés physiques, enfin si la combinaison et la dissolution se confondent en un seul et même phénomène dont elles représentent les effets extrêmes, il est clair que toute différence cesse d'exister entre les propriétés physiques et les propriétés chimiques de la matière. Les uns et les autres sont sous la domination absolue de la chaleur et, par elle, des agents mécaniques. Les expériences modernes tendent à donner de plus en plus à ceux-ci une influence prépondérante sur les résultats obtenus en physique et en chimie, deux sciences qui tendent de plus en plus à se confondre entre elles et avec la mécanique. »

En annonçant la naissance d'une doctrine qui, issue de la thermodynamique, embrasserait à la fois les lois du mouvement local, et celles qui régissent les divers phénomènes physiques, et celles qui président aux réactions chimiques, H. Sainte-Claire Deville était prophète; il

_____

(1) H. Sainte-Claire Deville, *loc. cit.*, p. 64.

entrevoyait d'avance l'œuvre qui devait être le couronne-
ment scientifique du xix° siècle.

Mais il ne sùffisait pas d'annoncer qu'une science
aussi générale était possible, qu'elle était sur le point de
se faire; pour prouver cette possibilité, pour faire croire
à cet événement prochain, il fallait ébaucher quelque cha-
pitre de la nouvelle discipline, il fallait faire éclater à tous
les esprits l'étroite analogie qui existe entre la mécanique
chimique et la mécanique physique. H. Sainte-Claire
Deville y parvint en analysant les équilibres chimiques
qui se produisent au cours des décompositions partielles
ou *dissociations*.

Le carbonate de chaux dont on élève la température se
décompose et laisse échapper le gaz carbonique; l'eau
liquide, l'arsenic solide que l'on chauffe, se transforment
en vapeurs; entre ces deux phénomènes, H. Sainte-Claire
Deville aperçoit d'étroites analogies(1); le point de
décomposition du carbonate de chaux est analogue au
point d'ébullition de l'eau et de l'arsenic; ni l'un ni l'autre
de ces points n'est invariable; de même que le point d'é-
bullition d'un corps solide ou liquide dépend de la pression de la vapeur qui surmonte ce corps, de même le point
de décomposition du carbonate de chaux dépend de la
pression du gaz carbonique dans l'enceinte où se fait la
réaction. Sous la pression atmosphérique, on ne peut
fondre l'arsenic; le point de fusion de ce corps est plus
élevé que son point d'ébullition; lorsqu'on l'échauffe, il

---

(1) H. Sainte-Claire Deville, *Leçons sur la Dissociation*, professées
devant la Société chimique le 18 mars et le 1er avril 1864.

passe en entier à l'état de vapeur avant de se liquéfier ;
mais si l'on augmente la pression de la vapeur d'arsenic,
le point de fusion demeure à peu près invariable, tandis
que le point d'ébullition s'élève et finit par surpasser le
premier ; aussi peut-on, en vase clos, fondre l'arsenic. Il
en est de même du carbonate de chaux ; on ne peut le
fondre à l'air libre, car sous la pression atmosphérique le
point de fusion est plus élevé que le point de décomposition ; mais si l'on augmente la pression du gaz carbonique, le point de décomposition s'élève et finit par surpasser le point de fusion ; ainsi s'explique la célèbre
expérience où James Hall est parvenu à fondre du carbonate de chaux en le portant au rouge dans un récipient
résistant et hermétiquement clos.

Des expériences précises, dues à H. Debray, vinrent
bientôt confirmer ces vues de H. Sainte-Claire Deville. A
une température donnée, la vaporisation d'un corps solide
ou liquide s'arrête lorsque la vapeur produite a acquis une
certaine tension ; cette *tension de vapeur saturée* ne dépend
absolument que de la température et croît avec elle. De
même, à une température donnée, la décomposition du
carbonate de calcium s'arrête lorsque le gaz carbonique
émis a atteint une certaine tension ; cette *tension de dissociation* est absolument fixe à une température donnée ; elle
varie avec la température et s'élève avec elle (1).

---

(1) L'interprétation de l'expérience de James Hall et la notion de tension
de dissociation qui s'en déduit avaient été données de la manière la plus claire
par Georges Aimé, dans une thèse soutenue en 1834. L'écrit de Georges
Aimé, demeuré inconnu, fut sans influence sur les travaux de Sainte-Claire
Deville et de ses disciples. (Georges AIMÉ, *De l'influence de la pression sur*

Avec H. Debray, les disciples de Sainte-Claire Deville s'attachèrent à l'étude des équilibres chimiques, et bientôt, grâce aux découvertes des Troost, des Hautefeuille, des Isambert, des Gernez, des Ditte, il fut avéré que les réactions chimiques les mieux caractérisées, aussi bien que les modifications allotropiques et polymériques, donnent lieu à des phénomènes d'équilibre dont les lois sont identiques aux lois des changements d'état physique, aux lois de la fusion, de la vaporisation.

Mais c'était là seulement un corollaire des idées de Sainte-Claire Deville : ces idées, dans leur plénitude scientifique et philosophique, demeurèrent longtemps incomprises; énoncées souvent sous une forme quelque peu obscure, souillées parfois par quelque alliage avec les opinions qu'elles prétendaient supplanter, elles ne furent point toujours entièrement acceptées des disciples mêmes du maître; d'ailleurs, elles ne purent se développer librement qu'en renversant deux autres mécaniques chimiques. L'une de ces mécaniques, la théorie du *travail maximum*, était née avant les recherches de Sainte-Claire Deville sur la dissociation ; l'autre, la théorie de l'*équilibre mobile*, est contemporaine de ces recherches.

La théorie du travail maximum résultait de l'union des doctrines introduites en Physique par Newton avec

---

les *actions chimiques*, thèse de Paris, 1834. Réimprimé dans les *Mémoires de la Société des Sciences physiques et naturelles de Bordeaux*, cinquième série, t. V, 1899. — P. Duhem, *Un point d'histoire des sciences : la tension de dissociation avant H. Sainte-Claire Deville*, Mémoires de la *Société des Sciences physiques et naturelles de Bordeaux*, cinquième série, t. V, 1899, et *Journal of Physical Chemistry*, vol. III, p. 364, 1899.)

la loi, établie au milieu du xixᵉ siècle, de l'équivalence entre la chaleur et le travail.

Selon Newton, les atomes qui sont les éléments ultimes de la matière s'attirent ou se repoussent par des forces sensibles seulement à petite distance ; en outre, ces atomes sont agités de mouvements de très petite amplitude, mais de très grande vitesse, et ce sont ces mouvements intestins qui produisent en nous la sensation de chaleur ; lorsqu'un système, tout en se transformant, garde une température invariable, la force vive de ces mouvements demeure constante ; elle augmente ou diminue lorsque la température s'élève ou s'abaisse. Dès 1780, Lavoisier et Laplace, dans leur impérissable *Mémoire sur la Chaleur*, faisaient remarquer que cette force vive joue, selon la théorie mécanique de la chaleur, le rôle départi au *calorique libre* dans la théorie qui regarde la chaleur comme un fluide ; quant au *calorique latent* perdu par un système au cours d'une modification, la théorie mécanique en retrouve l'équivalent dans le travail que les forces diverses appliquées aux atomes effectuent pendant cette modification ; en sorte que lorsqu'une modification a lieu sans changement de température, partant sans variation de chaleur sensible, la quantité de chaleur dégagée par cette modification mesure le travail accompli par les forces tant intérieures qu'extérieures qui ont déterminé cette modification.

Lorsqu'au milieu du xixᵉ siècle les divinations de Robert Mayer, les recherches expérimentales de James Prescott Joule, en précisant la définition et en faisant connaître la valeur de l'équivalent mécanique de la chaleur, eurent ruiné l'hypothèse du calorique et remis en faveur la théorie mécanique de la chaleur, les idées formulées par Lavoisier et Laplace furent reprises, en particulier par Clausius ; elles inspirèrent l'écrit célèbre (1) que ce grand physicien publia en 1850.

Ces idées trouvaient, en la Mécanique chimique, une application immédiate.

Les forces moléculaires concourent avec les forces extérieures pour grouper les atomes au sein des corps : ces diverses forces entrent en jeu, selon les lois de la Mécanique, pour produire les changements d'état physique aussi bien que les réactions chimiques ; Newton avait déjà énoncé ce principe, Lavoisier et Laplace l'avaient développé, et Berthollet avait tenté d'en déduire une Statique chimique.

Or, un théorème connu de Mécanique enseigne qu'aucun ensemble de corps, pris au repos, ne peut se mettre en mouvement sous l'action de certaines forces, à moins que ces forces n'effectuent tout d'abord un travail positif. Un ensemble de corps, d'abord en repos dans un certain état, ne pourra donc éprouver un changement d'état, que ce changement n'entraîne un travail positif des forces extérieures et des forces moléculaires. Mais selon les idées de Lavoisier et de Laplace, reprises par Clausius, si le changement d'état est accompli à température constante, ce travail est mesuré par la quantité de chaleur que dégage l'ensemble de corps. Nous sommes

---

(1) R. CLAUSIUS, *Poggendorff's Annalen*, t. LXXIX, 1850. — *Théorie mécanique de la Chaleur*, première édition, t. I, mémoire I.

amenés ainsi à énoncer le principe suivant : *Tout changement d'état physique ou chimique qui commence de lui-
même dans un ensemble de corps maintenu à température
constante est accompagné d'un dégagement de chaleur.*

Ce principe qui, longtemps après sa découverte, a été
nommé *Principe du travail maximum,* fut énoncé en 1853
par le chimiste danois Julius Thomsen (1), qui y avait été
conduit, à partir des idées de Clausius, par une voie
semblable à celle que nous venons de tracer.

Nous nous trompons ; ce principe est celui auquel
M. Thomsen était logiquement conduit par les considérations qu'il a développées ; ce n'est pas celui qu'il a
énoncé ; là où nous avons écrit ces mots : *tout changement d'état physique ou chimique,* M. Thomsen a écrit
ceux-ci : *toute réaction purement chimique.*

La correction est capitale ; elle était forcée ; il n'est
que trop clair, en effet, que le principe du travail maximum ne saurait s'appliquer aux changements d'état physique ; chaque jour, nous voyons, à une température
invariable, la glace fondre, l'eau se vaporiser, et, cependant, ces modifications spontanées absorbent de la chaleur ; sous peine d'être de prime-abord en contradiction
continuelle et formelle avec l'expérience, la loi du travail
maximum devait restreindre son empire à la Mécanique
purement chimique.

Mais cette restriction, indispensable pour éviter les
démentis des faits, était illogique ; les hypothèses dont la

---

(1) J. THOMSEN, *Die Grundzüge eines thermo-chemischen Systems (Poggendorff's Annalen,* t. LXXXVIII, 1853 ; — t. XCII, 1854).

loi du travail maximum était issue réclamaient pour cette loi une portée sans limite et ne toléraient point qu'une séparation fût établie entre la Mécanique physique et la Mécanique chimique; Berthollet l'avait proclamé, et il était impossible de le méconnaître. La théorie des changements d'état fondée sur l'hypothèse de l'attraction moléculaire éprouvait donc un nouvel échec ; déjà, elle avait été contredite par la Chimie, lorsqu'avec Berthollet elle avait nié la loi des proportions définies ; renouvelée par son union avec la théorie mécanique de là chaleur, elle était maintenant contredite par la Physique.

Inconciliable avec des hypothèses qui ont conduit à la formuler, mais qu'il est loisible, après tout, d'abandonner comme un échafaudage désormais inutile, la loi énoncée par M. Julius Thomsen pourrait être d'accord avec les faits, et il convient d'examiner si cet accord est ou non établi.

Or, une grave difficulté arrête tout d'abord cet examen et paraît bien le devoir rendre illusoire ; la loi du travail maximum suppose que l'on sache distinguer un phénomène physique d'un phénomène chimique ; elle ne prétend s'appliquer qu'aux réactions purement chimiques ; avant donc qu'on la déclare confirmée ou contredite par un changement d'état, il faudra décider que ce changement d'état est chimique et non physique. Or, où trouver le caractère qui permettra de prendre une semblable décision? Berthollet avait déjà insisté sur l'absence d'un semblable caractère, et la loi du travail maximum était encore bien jeune dans la science que les travaux de Sainte-Claire Deville et de son École faisaient éclater à

tous les yeux la justesse de l'idée de Berthollet. En
l'absence de toute ligne de démarcation entre les modifications physiques et les modifications chimiques, la critique expérimentale de la loi du travail maximum devient
vaine et inefficace ; une foule de réactions condamnent
cette loi sans appel pour qui les veut prendre comme
purement chimiques, et sont impuissantes à son endroit
pour qui prétend y trouver quelque part de transformation
physique.

Cet état de confusion, insupportable aux esprits vraiment scientifiques, est très favorable au contraire à ceux
qui cherchent des faux-fuyants pour échapper aux démentis des faits ; il ne suffit point, cependant, à sauver la
loi du travail maximum.

Un mélange d'oxygène et d'hydrogène peut se transformer en vapeur d'eau ; la vapeur d'eau peut se dissocier en oxygène et hydrogène ; est-il réaction plus nettement chimique, plus pure de tout alliage avec toute
modification physique ? A une température donnée et
suffisamment élevée, un état d'équilibre chimique est
établi au sein d'un mélange d'oxygène, d'hydrogène et de
vapeur d'eau ; sans changer la température, élevons
quelque peu la pression ; une certaine quantité d'oxygène
et d'hydrogène se combinent, et cette combinaison dégage de la chaleur, conformément au principe du travail
maximum ; si, sans changer la température, nous avions
quelque peu abaissé la pression, une certaine quantité de
vapeur d'eau se serait décomposée, et cette décomposition
eût absorbé de la chaleur, contrairement au principe du
travail maximum. Si les partisans du principe du travail

maximum acceptent le témoignage favorable de sa première expérience, sur quoi se fonderaient-ils pour récuser
le démenti que leur inflige la seconde ?

Ainsi les découvertes de Sainte-Claire Deville et de
ses disciples ruinent la Statique chimique qu'avait produite l'union de la théorie mécanique de la chaleur avec
les hypothèses newtoniennes (1).

Au xviiie siècle, tandis que les hypothèses newtoniennes de l'attraction astronomique et de l'attraction
moléculaire s'emparaient de la Physique tout entière, une
petite École de savants demeurait fidèle aux doctrines
cartésiennes et atomistiques et ne voulait rien mettre en
ces théories qui ne fût réductible à la figure et au
mouvement ; cette École se groupait en Suisse autour de
l'illustre famille des Bernoulli.

· A cette École appartenait Lesage, qui tenta d'expliquer
l'attraction universelle par le choc des particules éthérées
sur les molécules matérielles, et Pierre Prévost, l'ami et
l'exécuteur testamentaire de Lesage.

Pierre Prévost s'occupa particulièrement de la théorie
de la chaleur ; à l'imitation de ce que Newton avait imaginé pour la lumière, Prévost regardait (2) la chaleur
comme composée de petits projectiles que les corps lan-

---

(1) Le lecteur désireux de discuter plus en détail la loi du travail maximum pourra se reporter aux écrits suivants : P. Duhem, *Introduction à la
Mécanique chimique*. Gand. 1893. — *Thermochimie, à propos d'un livre récent
de M. Marcelin Berthelot* (*Revue des questions scientifiques*, 2e série, t. VI,
1897 et Paris, 1897).

(2) Pierre Prévost. *Recherches physico-mécaniques sur la chaleur*. Genève,
1782.

Duhem. 12

cent dans l'espace d'autant plus vivement qu'ils sont plus chauds ; ces projectiles échauffent les corps au sein desquels ils pénètrent. Lorsque deux corps sont en présence l'un de l'autre, ils parviennent, au bout d'un certain temps, à un certain état d'équilibre où chacun d'eux ne s'échauffe ni ne se refroidit ; ce n'est pas que chacun de ces corps ne continue à lancer vers l'autre des projectiles calorifiques et à en recevoir de lui ; mais un régime tel s'est établi que chacun des deux corps reçoit, dans un temps donné, autant de corpuscules de chaleur qu'il en émet ; telle est l'hypothèse de l'*équilibre mobile,* qui allait rencontrer, en Statique chimique, une singulière fortune.

Au premier rang des doctrines qui assurent la célébrité de l'École atomistique suisse, il convient de placer l'explication des propriétés des gaz proposée, en 1726, par Jean Ier Bernoulli et développée, en 1738, par son fils Daniel Bernoulli, dans la Xe section de son *Hydrodynamique.* Selon les Bernoulli, la force expansive des gaz n'est due ni aux particules rameuses de Descartes, ni aux pe-petits ressorts de Boyle, ni aux répulsions moléculaires de Newton ; les atomes gazeux, agités de mouvements continuels et rapides, frappent à coups redoublés les parois du vase où le fluide aériforme est renfermé ; est ce bombardement moléculaire produit une pression douée de toutes les propriétés que les expérimentateurs ont reconnues.

Lorsqu'au milieu du xixe siècle, les progrès de la théorie mécanique de la chaleur ramenèrent la faveur des physiciens vers les hypothèses des atomistes, l'explication des propriétés des gaz imaginée par les Bernoulli fut reprise et développée par divers physiciens, notamment par Krœnig et par Clausius, et plus tard par Maxwell, par Boltzmann, par O.-E. Meyer; sous le nom de *théorie cinétique des gaz*, elle devint une doctrine importante et passa quelque temps pour le type idéal de la théorie physique.

A la théorie cinétique des gaz il était naturel de rattacher la théorie de la formation des vapeurs, et Clausius s'y efforça (1). Lorsqu'un liquide est surmonté de sa vapeur, un échange continuel de molécules se produit au travers de la surface de contact ; au bout d'un certain temps, on parvient à un état d'équilibre mobile ; autant le liquide laisse échapper d'atomes qui pénètrent au sein de la vapeur, autant il en reprend à cette vapeur ; la vapeur est alors saturée.

La notion d'équilibre mobile, introduite par Clausius dans l'étude des changements d'état physique, ne devait pas tarder à pénétrer en Mécanique chimique.

Un mélange d'oxygène, d'hydrogène et de vapeur d'eau, soumis à une pression donnée, est porté à une tampérature fixe et d'ailleurs très élevée ; au bout d'un certain temps, l'équilibre chimique s'établit, on n'observe plus ni augmentation, ni diminution dans la teneur en vapeur d'eau du mélange gazeux ; ce n'est pas que l'oxygène et l'hydrogène aient cessé de se combiner, que la vapeur d'eau ait cessé de se décomposer ; mais le nombre de molécules de vapeur d'eau qui se forment en un temps

---

(1) R. Clausius. *Poggendorff's Annalen*, t. C, p 353, 1857. — *Théorie mécanique de la chaleur*, 1re édition, t. II, mémoire XIV,

donné est exactement égal au nombre de molécules de ce même corps qui se brisent dans le même temps. Tout équilibre chimique est un équilibre mobile, un état de régime permanent où deux réactions, inverses l'une de l'autre, se compensent exactement.

L'idée avait été émise en passant par Malaguti (1) ; Williamson l'avait appliquée aux phénomènes d'éthérification, Clausius à l'électrolyse ; dans le temps que Sainte-Claire Deville donnait ses leçons *sur la Dissociation* et *sur l'Affinité*, deux professeurs de Christiania, MM. Guldberg et Waage (2), prenaient cette hypothèse, inspirée par les travaux de Pierre Prévost, pour fondement d'une Statique chimique.

A la même époque, en Allemagne, les hypothèses de Clausius touchant la vaporisation inspiraient à M. Pfaündler une théorie de la dissociation. « J'arrive maintenant, écrivait M. Pfaündler (3), à l'explication de la *dissociation* des *vapeurs* et, dans ce but, je ferai l'hypothèse suivante : au sein de la vapeur d'une combinaison partiellement décomposée, tant que la température demeure invariable, *le nombre de molécules qui se brisent est exactement égal au nombre des molécules qui se forment par rapprochement de leurs atomes.* Cette explication suppose nécessairement qu'*à un instant donné, les molécules ne sont pas toutes animées du même mouvement* ; de même l'explication

---

(1) MALAGUTI, *Annales de Chimie et de Physique*, 3ᵉ série, t. LI, p. 328, 1857.

(2) GULDBERG et WAAGE, *Les Mondes*, t. V, p. 105 et p. 627, 1864. — *Études sur les affinités chimiques*. Christianja, 1867.

(3) PFAUNDLER, *Poggendorff's Annalen*, t. CXXXI, p. 55, 1867.

de la vaporisation donnée par Clausius suppose que les molécules situées à la surface du liquide ne se meuvent pas toutes de la même manière. Mais, selon la théorie mécanique de la chaleur, cette irrégularité dans la distribution des mouvements est extrêmement vraisemblable... Par suite, si la température garde constamment une valeur donnée, le nombre des particules mises en liberté ira en croissant, jusqu'au moment où le nombre des molécules qui se reforment dans un état donné sera devenu égal au nombre des molécules qui se brisent dans le même temps. A partir de ce moment, l'*équilibre* entre la décomposition et la combinaison règne aussi longtemps que la température demeure invariable. »

M. Pfaündler fut bientôt suivi, en Allemagne, par M. Horstmann ; en France, par M. G. Lemoine et par M. Joulin.

Comment cette Statique chimique se peut constituer, il est aisé de l'imaginer ; on construit des formules qui représentent la vitesse de chacune des deux réactions inverses dont le système est censé le siège ; en égalant entre elles ces deux vitesses, on obtient l'équation dont dépend l'équilibre du système.

En réalité, l'application de cette méthode souffre un très haut degré d'arbitraire. L'expérience ne peut nous faire connaître les lois qui régissent la vitesse de chacune des deux réactions inverses ; seul, l'excès de l'une des deux vitesses sur l'autre, c'est-à-dire la vitesse de la réaction résultante, est accessible à l'observation ; pour connaître l'expression des deux vitesses qui nous importent, force sera d'avoir recours à des hypothèses ; bien souvent,

la forme de ces hypothèses sera largement variable au gré
du physicien : la théorie y perdra en sécurité et en valeur
logique plus encore qu'elle n'y gagnera en souplesse pour
s'adapter aux faits.

Si grande, d'ailleurs, que soit cette souplesse, elle ne
parvient pas à sauver la théorie de l'équilibre mobile des
contradictions de l'expérience.

Reprenons l'analyse d'une réaction qui a joué un grand
rôle dans le développement de la Mécanique chimique, de
celle même que M. Pfaündler a choisie comme exemple, la
décomposition du carbonate de chaux en chaux et gaz carbonique.

Deux réactions se produisent simultanément : la décomposition du carbonate de chaux, la combinaison du
gaz carbonique avec la chaux. La vitesse de la première
réaction dépend de la température à laquelle le carbonate
de chaux est porté ; mais, visiblement, elle dépend en outre de l'aire de la surface libre des morceaux de carbonate
de chaux et elle est proportionnelle à cette aire, car l'émis-
sion de gaz carbonique se fait exclusivement par cette
surface. La vitesse de la seconde réaction dépend de la
température, de la pression du gaz carbonique ; mais, en
outre, elle est proportionnelle à l'aire de la surface par laquelle la chaux confine au gaz carbonique : c'est, en effet,
le long de cette surface que la chaux absorbe le gaz carbonique. Si nous égalons entre elles les expressions des deux
vitesses, l'équation obtenue, qui est l'équation d'équilibre
du système, contient le rapport entre la surface des frag-
ments de carbonate de chaux et la surface de la chaux vive;
l'état d'équilibre qui s'établit dans le système dépend de la

valeur de ce rapport. On démontre sans peine que la tension de dissociation du carbonate de calcium à une température donnée varie dans le même sens que ce rapport ; elle augmente si l'on accroît la surface libre du carbonate de chaux ; elle diminue si l'on augmente la surface libre de la chaux.

Il est aisé de soumettre ces prévisions au contrôle des faits ; l'expérience à faire est très simple ; elle a été réalisée par Debray, et le résultat très net qu'elle a donné contredit formellement les propositions que nous venons d'énoncer ; à une température donnée, la tension de dissociation du carbonate de chaux est absolument déterminée ; elle ne dépend aucunement de l'étendue respective des surfaces de la chaux et du carbonate de chaux.

La théorie de l'équilibre chimique mobile est donc démentie par les faits, comme l'a reconnu, dès 1873, M. Horstmann, qui en avait été, tout d'abord, un chaud partisan. « On parvient, écrivait-il à cette époque (1), à des contradictions avec l'expérience, car on ne peut expliquer d'une manière satisfaisante ce fait maintes fois vérifié, que la masse des corps solides n'a pas d'influence sur le degré de dissociation. »

La théorie des atomistes, qui ne met en la matière que figure et mouvement, comme la théorie newtonienne, qui doue les atomes de forces attractives ou répulsives, sont demeurées incapables de s'accorder avec les phénomènes de dissociation ; les deux doctrines entre lesquelles

---

(1) Horstmann, *Leibig's Annalen der Chemie und Pharmacie*, t. CLXX, p. 208, 1873.

s'étaient partagé les physiciens du xviii° siècle, et qui avaient porté, dans la première moitié du xix° siècle, une si abondante moisson ont, l'une et l'autre, vainement tenté de constituer une Mécanique chimique.

CHAPITRE X

La Mécanique chimique doit-elle donc demeurer purement empirique ? Doit-elle être une simple collection de lois expérimentales ? Doit-elle renoncer à se réclamer de principes généraux qui la rattachent aux autres parties de la Physique, comme les diverses branches d'un arbre se relient entre elles par le tronc commun dont elles sont issues ? Non pas. Il est une doctrine reine, dépositaire des règles fondamentales, de laquelle doivent découler les diverses disciplines qui constituent la Physique et, en particulier, la Mécanique chimique ; cette doctrine, H. Sainte-Claire Deville l'a signalée : c'est la Thermodynamique.

La clairvoyance était grande, car au moment où Sainte-Claire Deville la désignait comme tenant les clés de la Mécanique chimique, la Thermodynamique, encore dans l'enfance, présentait une sorte de chaos où se confondaient les hypothèses les plus disparates et les axiomes les plus contradictoires (1).

---

(1) Nous ne pouvons analyser ici en détail l'évolution subie par la Thermodynamique, évolution qui n'a, avec le sujet que nous traitons, que des relations indirectes ; nous nous permettons de renvoyer le lecteur aux écrits

La Thermodynamique repose sur deux principes : le principe de l'équivalence entre la chaleur et le travail et le principe de Carnot. Introduit dans la science par les théories mécanistes des Écoles Épicurienne, Cartésienne et Newtonienne, intimement lié, en apparence, à l'hypothèse, acceptée par ces trois Écoles, que la chaleur consiste en un mouvement des dernières particules des corps, le principe de l'équivalence était, à l'époque dont nous parlons, le seul qui fût universellement connu et appliqué. Tiré, par Carnot, d'une induction expérimentale, modifié par Clausius de telle manière qu'il devînt compatible avec le principe de l'équivalence, mais gardant, après cette modification, la forme d'un postulat que vérifient ses conséquences éloignées, le second principe était encore obscur et méconnu ; réservé aux seuls initiés, il n'avait pas été *vulgarisé* : d'ailleurs, sa forme, libre de toute supposition sur la constitution de la matière et la nature de la chaleur, déplaisait à des physiciens qu'enivraient les hypothèses mécanistes et qui demandaient surtout à la Thermodynamique de confirmer et de préciser ces hypothèses.

Pendant bien des années, les physiciens s'efforcèrent de donner du principe de Carnot une interprétation qui s'accordât avec la théorie mécanique de la chaleur ; les tentatives furent puissantes et ingénieuses ; elles demeurèrent vaines. Alors un revirement étrange et dont nous pouvons à peine aujourd'hui entrevoir l'incalculable

suivants : P. Duhem, *Les Théories de la chaleur* (*Revue des Deux-Mondes,* t CXXIX, p. 869, et t. CXXX, pp. 380 et 851, 1895). — *L'Évolution des théories physiques, du XVIIᵉ siècle jusqu'à nos jours* (*Revue des Questions scientifiques*, 2ᵉ série, t. V, 1896).

portée se produisit dans l'esprit de ceux qui s'inquiètent des théories physiques. Furent-ils lassés par l'inanité des efforts faits pour interpréter mécaniquement le principe de Carnot? Furent-ils désespérés par la stérilité des hypothèses atomistiques et, notamment, de la théorie cinétique des gaz? Prirent-ils subitement conscience de la véritable nature et de l'exacte portée des méthodes physiques? Toujours est-il que leur conception de la Thermodynamique fut, tout à coup, profondément modifiée.

Non seulement ils ne réclamèrent plus que le principe de Carnot fût déduit des principes de la Mécanique et de l'hypothèse que la chaleur est un mouvement ; non seulement ils acceptèrent ce principe comme un postulat dont les conséquences plus ou moins éloignées devaient être soumises au contrôle de l'expérience ; mais encore ils en vinrent peu à peu à rompre les liens qui rattachaient le principe de l'équivalence aux antiques suppositions sur les atomes, sur les forces moléculaires, sur la nature de la chaleur, et à donner de ce principe une exposition semblable à celle qui avait été donnée tout d'abord pour le principe de Carnot. Puis, ces tendances nouvelles s'étendirent de proche en proche aux diverses branches de la Physique ; les hypothèses mécanistes avaient été longtemps considérées comme les fondements indispensables d'une théorie physique rationnelle ; on en vint à les regarder comme les restes de méthodes surannées, à les bannir des diverses doctrines, à regarder toutes les lois fondamentales de la Physique comme des propositions soumises à une seule condition, l'accord de leurs corollaires avec les vérités de faits. Ainsi, le principe de Carnot était apparu tout d'abord avec des caractères étranges qui le distinguaient de tous les autres principes admis jusque-là dans les théories physiques ; maintenant, il devenait le modèle que devaient imiter les principes de toute théorie sainement constituée.

Tandis que la Thermodynamique, dégagée de tout alliage avec les suppositions mécanistes, se construisait selon la forme logique qui allait servir de type aux diverses branches de la Physique, elle étendait le champ de ses applications. Auparavant, la théorie de la chaleur était regardée comme une des parties de la Physique, au même titre que les théories de l'électricité, du magnétisme, de la capillarité. Au fur et à mesure que la Thermodynamique progressait, cette opinion se modifiait ; on s'apercevait que ses lois n'exerçaient pas seulement leur empire dans la théorie de la chaleur, mais dans les théories les plus diverses ; en particulier, les recherches de Helmholtz, de W. Thomson, de R. Clausius, firent éclater aux yeux de tous que les méthodes de la nouvelle science fournissaient des ressources imprévues à l'étude des phénomènes électriques. Graduellement, on comprit que la Thermodynamique n'était pas une branche de la Physique, mais le tronc à partir duquel divergeaient les diverses branches : qu'elle n'était point l'étude d'un ordre particulier des phénomènes, mais le recueil des principes généraux, applicables à l'étude de tous les phénomènes ; que ses lois régissaient tous les changements qui se peuvent produire dans le monde inorganique.

Bien divers sont les phénomènes que régit la Thermodynamique : condensation et dilatation des fluides, déformations élastiques des solides, électrisation, aimantation, changement d'intensité des courants ; mais, au premier rang de ces changements, il convient de citer le plus simple, le plus obvie d'entre eux, le changement de lieu dans l'espace, le *mouvement local ;* les lois du mouvement local se présentent maintenant comme des corollaires de la Thermodynamique, et la Mécanique rationnelle n'est plus qu'une application particulière de cette vaste science, la plus simple et la mieux connue de ses conséquences.

Quel bouleversement dans les idées des physiciens ! Il y a quelque trente ans, la Mécanique rationnelle semblait encore la science reine dont toutes les autres doctrines de la Physique devaient se réclamer ; on exigeait que la Thermodynamique réduisît toutes ses lois à n'être que des théorèmes de Mécanique ; aujourd'hui, la Mécanique rationnelle n'est plus que l'application au problème particulier du *mouvement local* de cette Thermodynamique générale, de cette *Énergétique* dont les principes embrassent toutes les transformations du monde inorganique ou, selon la dénomination péripatéticienne, tous les *mouvements physiques.*

Malgré leur immense variété, les mouvements physiques des péripatéciens n'épuisent pas la fécondité de la Thermodynamique ; en effet, le philosophe de Stagire ne classait pas parmi les mouvements la *génération* et la *corruption*, la disparition d'un corps accompagnée de l'apparition d'un corps nouveau, la destruction des éléments suivie de la formation d'un mixte, la destruction d'un mixte précédant la régénération des éléments, en un mot, ce que nous nommons aujourd'hui les changements d'état physique ou chimique. Or, ces changements d'état n'échappent pas aux prises de la Thermodynamique.

Les fondateurs mêmes de cette science, Carnot et Clapeyron, puis, plus tard, Clausius, Rankine et W. Thomson, l'avaient appliquée à la transformation d'un liquide en vapeur; J. Thomson et W. Thomson s'en servirent pour enrichir de résultats imprévus l'étude de la fusion; G. Kirchhoff en déduisit d'importantes formules relatives aux phénomènes de dissolution; la Thermodynamique se préparait ainsi, par l'analyse des changements d'état physique, à s'emparer des réactions chimiques; selon le vœu de Sainte-Claire Deville, elle allait donner une Mécanique chimique.

La création de cette Mécanique chimique est l'œuvre de trois hommes qui sans qu'ils se connussent, sans que leurs recherches pussent influer les unes sur les autres, travaillèrent simultanément: J. Moutier, en France: Horstmann, en Allemagne; J. Willard Gibbs, en Amérique. Leurs découvertes, complétées en Allemagne par Helmholtz, en Hollande par J.-H. Van't Hoff et Bakhuis Roozboom, en France par H. Le Châtelier, ont inauguré une science fort étendue et dont les principaux résultats sont, aujourd'hui, hors de contestation.

Ce qu'est cette science, quels sont ses théorèmes essentiels, quels services elle rend chaque jour à la chimie pratique, autant de questions que nous ne saurions examiner ici. Ce qui nous importe, c'est la forme sous laquelle elle conçoit la notion de mixte.

Nous l'avons dit: rien, en cette doctrine, ne fait appel à une hypothèse sur la constitution de la matière, rien ne suppose l'existence d'atomes ou de molécules ; la notion de mixte n'y pourra donc figurer que sous sa forme la plus simple, la plus obvie, c'est-à-dire, en dernière analyse, sous la forme péripatéticienne.

Comment, par exemple, cette science traite-t-elle de la combinaison du gaz carbonique avec la chaux ou de la dissociation du carbonate de calcium ? Elle admet qu'une certaine masse de gaz carbonique et une certaine masse de chaux peuvent disparaître, et qu'il se produit une masse de carbonate de calcium égale à la somme des deux premières masses ; qu'une certaine masse de carbonate de calcium peut cesser d'exister, pourvu qu'il apparaisse une certaine masse de chaux et une certaine masse de gaz carbonique reproduisant par leur somme la masse du carbonate détruit ; enfin, selon les enseignements de l'analyse chimique, elle admet que la masse de gaz carbonique et la masse de chaux qui disparaissent ou apparaissent dans ces deux réactions universes, sont entre elles comme les nombres 44 et 55,9 ; hors cela, elle ne postule rien sur la constitution du carbonate de calcium, sur la nature intime du phénomène qui transforme ce corps en chaux et gaz carbonique ou qui régénère ce corps aux dépens de la chaux et du gaz carbonique ; de ces trois corps : chaux, gaz carbonique, carbonate de calcium, elle ne fait rien figurer dans ses équations, sinon des propriétés physiques observables et mesurables, telles que la masse de chacun d'eux, le volume qu'il occupe, la pression qu'il supporte, la température à laquelle il est porté.

En résumé, dans tout ce que la Mécanique chimique actuelle suppose touchant la génération ou la destruction

des combinaisons chimiques, nous ne trouvons rien qui ne
s'accorde avec l'analyse de la notion de mixte donnée par
Aristote; sans doute, la loi de la conservation de la masse
et la loi des proportions définies y sont invoquées; mais
en complétant et précisant les résultats obtenus par l'analyse
du Stagirite, ces lois n'en modifient point la nature; selon
Aristote, comme suivant les thermodynamiciens contemporains, les éléments ne subsistent plus actuellement au
sein du mixte; ils n'y existent qu'en puissance.

Une question se pose immédiatement, précise et inévitable: quelle distinction la Mécanique chimique nouvelle
établit-elle entre le mélange physique et la combinaison
chimique?

Entre le mélange physique et la combinaison chimique, elle n'établit aucune distinction; ou, pour parler d'une
manière plus précise, les principes de la thermodynamique,
qui sont ses fondements, ne lui permettent d'attribuer
aucun sens à ces deux dénominations; ils ne lui fournissent
rien qui lui permette de marquer dans ses raisonnements
ou dans ses équations si un phénomène est une réaction
chimique ou un simple changement d'état physique.

La seule distinction qu'elle puisse introduire dans ses
déductions et dans les égalités mathématiques qui les
accompagnent, c'est la distinction entre les corps qui ont
une composition fixe et les corps qui ont une composition
variable; le carbonate de calcium est toujours formé d'une
masse de gaz carbonique et d'une masse de chaux qui sont
entre elles comme les nombres 44 et 55,9; au contraire,
pour former un mélange d'air et de vapeur d'eau, on peut
prendre des proportions arbitraires de ces deux gaz; voilà

des caractères qu'elle peut saisir et dont elle doit tenir compte.

Mais les éléments qui forment un corps à composition non définie y sont-ils simplement mélangés ? Y sont-ils partiellement combinés et le composé chimique issu de leur union demeure-t-il mêlé à l'excès des éléments restés libres ? Pour la Mécanique chimique fondée sur les seuls principes de la Thermodynamique, ces questions sont vides de tout sens.

Un chimiste mêle de l'hydrogène et du chlore et, à l'imitation de Bunsen, il étudie le changement graduel qu'éprouvent les diverses propriétés du mélange ; il interprète ses observations en disant que l'hydrogène et le chlore se combinent graduellement pour former de l'acide chlorhydrique ; il parle de la masse d'acide chlorhydrique que le système gazeux renferme, à un instant donné, des masses d'hydrogène et de chlore, libres encore, qui, à ce même instant, sont mêlées au gaz chlorhydrique ; le physicien qui s'en tient aux principes de la Thermodynamique n'entend point ce langage ; avec Sainte-Claire Deville, il ne peut voir dans le phénomène étudié qu'un changement d'état, comme il voit un changement d'état dans la vaporisation de l'eau ou dans la transformation du phosphore blanc en phosphore rouge ; seulement, dans ces deux derniers cas, chaque parcelle du corps qui se transforme passe sans intermédiaire d'un premier état à un autre état tout différent ; dans le premier cas, au contraire, la modification se produit d'une manière continue ; le système ne passe pas d'un état à l'autre sans traverser tous les états intermédiaires.

En une science de raisonnement, dire que les principes de la science laissent une certaine expression dénuée de tout sens, c'est dire qu'il est loisible d'attribuer à cette expression le sens que l'on veut par une définition appropriée. Ainsi en est-il dans le cas qui nous occupe.

Lorsqu'on mélange du chlore et de l'hydrogène, les propriétés du mélange ressemblent d'abord beaucoup aux propriétés de l'hydrogène, si l'on a mis peu de chlore, et du chlore, si l'on a mis peu d'hydrogène; peu à peu, ces propriétés se modifient; si l'on a pris les masses de chlore et d'hydrogène dans le rapport de 35,5 à 1, elles tendent à devenir identiques aux propriétés du gaz que les chimistes nomment acide chlorhydrique; elles s'en approchent plus ou moins si le mélange n'a point cette composition. Que l'on trouve commode d'exprimer ces faits en disant que le système contient de l'hydrogène, du chlore, de l'acide chlorhydrique, et que la proportion d'acide chlorhydrique, nulle au début, y augmente sans cesse; pourvu que ces mots soient pris comme un langage conventionnel et non comme l'expression du véritable état de la matière au sein du système, il n'y a rien là qui prête à contestation, et la Mécanique chimique ne se fera point scrupule d'user de ce langage.

Mais ce langage n'implique encore aucune traduction en symboles quantitatifs, pouvant figurer dans des équations algébriques. J'ai sous les yeux un mélange que l'on a formé en prenant 2 grammes d'hydrogène et 71 grammes de chlore; je ne saurais énoncer une proposition telle que celle-ci: à l'instant actuel, ce mélange renferme 1 gramme d'hydrogène libre, 35,5 grammes de chlore

libre, et 36,5 grammes d'acide chlorhydrique; cette proposition n'est ni vraie, ni fausse ; elle n'a aucun sens.
Pouvons-nous lui en donner un ? Pouvons-nous faire en
sorte qu'à cette proposition corresponde une relation
algébrique accessible à la Mécanique chimique, dont
cette science puisse reconnaître la vérité ou l'erreur ?
Pouvons-nous fixer ce sens non pas d'une manière entièrement arbitraire, ce qui serait légitime, mais sans intérêt,
mais de manière qu'il s'accorde, dans les applications,
avec celui qu'adoptent les chimistes, guidés par des hypothèses atomistiques ?

Le problème ainsi posé n'est point résolu dans son
entière généralité ; c'est seulement dans certains cas particuliers que la solution en a été ou achevée ou ébauchée.
Horstmann et Gibbs en ont donné une solution pleinement satisfaisante dans le cas où les corps mélangés sont
gazeux et très voisins de cet état idéal que les physiciens
nomment l'état gazeux parfait.

Prenons le mélange dont nous parlions il y a un instant. Prenons aussi 1 gramme d'hydrogène, 35,5 grammes de chlore, 36,5 grammes d'acide chlorydrique ;
enfermons-les séparément les uns des autres dans des
récipients de même volume que celui qui renferme le
mélange ; enfin, portons tous ces récipients à la même
température. Si le *potentiel interne* (1) du mélange consi-

---

(1) Nous ne nous attarderons pas à définir ce qu'il faut entendre par
potentiel interne d'un système ; pour l'intelligence de ce qui est ici, il suffit
au lecteur de savoir que le potentiel interne d'un système est une grandeur
qui dépend de l'état de ce système et qui joue un rôle essentiel dans l'étude
thermodynamique de ce système.

déré est égal à la somme des *potentiels internes* des trois gaz isolés, on dira que le mélange renferme 36,5 grammes d'acide chlorhydrique, 1 gramme d'hydrogène libre et 35,5 grammes de chlore libre.

Telle est la définition posée par J. Willard Gibbs.

Cette définition remplit toutes les conditions prescrites. Elle se traduit par une équation algébrique qui exprime une relation entre grandeurs physiques ; cette équation se prête aux raisonnements de la thermodynamique qui en peut tirer des conséquences; comparer ces conséquences aux faits d'expérience, constater les confirmations ou les démentis qu'elles en reçoivent, partant, reconnaître si le mélange a ou n'a pas la composition indiquée. Et, d'autre part, les conséquences de cette définition sont conformes aux propositions que les chimistes énoncent d'habitude touchant les mélanges de gaz, bien que l'idée qu'ils se forment d'un tel mélange soit liée pour eux à des hypothèses atomistiques ; cette définition, par exemple, s'accorde avec la loi du mélange des gaz, avec la loi du mélange des gaz et des vapeurs.

Cette définition posée, il devient logique et légitime d'étudier comment varie, avec les diverses circonstances, la composition d'un mélange de gaz dont certains éléments peuvent soit se dissocier, soit se combiner entre eux : et cette étude n'est pas le moindre titre de gloire de Horstmann et de Gibbs.

On a tenté, en d'autres cas, de faire ce que ces grands physiciens ont accompli pour les mélanges de gaz parfaits : les efforts de J.-H. Van't Hoff et de Svante Arrhenius ont tendu à établir une définition analogue dans le cas où le mélange de plusieurs corps liquides renferme un grand excès de l'un d'entre eux. Peut-être cette dernière tentative n'a-t-elle point rencontré le succès pleinement satisfaisant qui a couronné la première. La discuter serait ici hors de propos. Quel que soit son degré de certitude et de précision, elle n'en manifeste pas moins la tendance qui dirige toutes les recherches de Mécanique chimique.

Cette tendance, il nous semble qu'on la peut dégager et qu'on la peut formuler en ces termes :

Toutes les hypothèses sur la nature intime de la matière, sur la structure des mélanges et des combinaisons chimiques, et spécialement toutes les hypothèses atomistiques, seront bannies du domaine de la science ; il ne sera fait aucun usage de principes tirés de ces hypothèses ; si une expression n'a de sens qu'autant que l'on admet, explicitement ou implicitement, ces suppositions, on la rejettera impitoyablement ; ou bien, avant de l'adopter, on en donnera une définition nouvelle, absolument franche des doctrines auxquelles on est résolu de ne plus faire appel ; les définitions, les propositions de la Mécanique chimique ne porteront, en dernière analyse, que sur des grandeurs représentant des propriétés physiques mesurables ; la Mécanique chimique, ainsi constituée, ne se piquera pas de nous faire pénétrer jusqu'au cœur même de la matière, de nous révéler le *quid proprium* des réactions chimiques ; son but, plus modeste, mais plus sûr, sera de classer et d'ordonner les lois que l'expérience nous permet de découvrir ; l'accord de ses corollaires avec les faits sera pour elle le criterium de la certitude.

D'un mixte, il suffit à cette science nouvelle de connaître la composition, c'est-à-dire la masse des éléments qu'il faut détruire pour engendrer ce mixte et que la corruption du mixte peut régénérer. Sur les ruines de la notion de mixte qu'avaient construite les atomistes, elle édifie de nouveau la conception simple et inébranlable qu'avait formulée Aristote.

CONCLUSION

Nous avons suivi l'évolution qu'a subie la notion de mixte, au cours des âges, depuis le premier éveil de la pensée scientifique chez les philosophes grecs jusqu'au développement touffu et rapide qu'ont subi les doctrines chimiques pendant le siècle qui vient de finir ; au milieu des mille vicissitudes qu'entraînent la découverte incessante de faits nouveaux et la lutte acharnée des divers systèmes, nous avons aperçu les traits essentiels qui caractérisent cette évolution ; et ces traits nous sont apparus semblables à ceux qui marquent l'histoire des grandes théories physiques (1).

Au moment où le génie grec entreprend l'étude rationnelle de la nature, deux méthodes sont en présence, dont chacune se prétend seule capable de conduire l'esprit humain à l'intelligence des choses matérielles ; le mécanisme des atomistes et la physique péripatéticienne. Entre ces méthodes, la philosophie antique se partage ; mais, au moyen âge, l'École proclame l'excellence de la méthode d'Aristote.

---

(1) Cf. P. Duhem. *L'évolution des théories physiques du XVIIᵉ siècle jusqu'à nos jours* (*Revue des Questions scientifiques*, 2ᵉ série, t. V, 1896).

Lassés de la physique scolastique, les penseurs de la Renaissance et du xvii⁰ siècle remettent en vigueur le mécanisme, dans lequel ils voient le principe de toute théorie physique rationnelle, et restaurent la plupart des explications imaginées par les atomistes grecs. Des hypothèses, renouvelées d'Épicure et de Lucrèce, les inspirent tandis qu'ils créent toutes les parties de la Physique et de la Chimie. Sous l'influence de Newton, la Physique du xviii⁰ siècle transforme, en la compliquant, la Physique atomiste ou cartésienne, elle introduit dans ses raisonnements les attractions et les répulsions mutuelles des diverses parties de la matière ; mais elle demeure essentiellement mécaniste. La Mécanique dirige avec une autorité souveraine et incontestée le merveilleux développement des théories physiques à la fin du xviii⁰ siècle et durant la première moitié du xix⁰ siècle.

Peu à peu cependant, et par l'effet même de ce développement, les hypothèses mécanistes se heurtent de toutes parts à des obstacles de plus en plus nombreux, de plus en plus difficiles à surmonter. Alors la faveur des physiciens se détache graduellement des systèmes atomistiques, cartésiens ou newtoniens pour revenir à des méthodes analogues à celles que prônait Aristote. La Physique actuelle tend à reprendre une forme péripatéticienne.

Ce changement profond ne s'accomplit point sous l'influence d'une idée philosophique préconçue ; il ne résulte pas du désir de rapprocher nos sciences nouvelles des anciennes doctrines aristotéliciennes ; les hommes, comme Sainte-Claire Deville, qui ont le plus contribué à modifier l'orientation des méthodes physico-chimiques,

ne se souciaient guère des opinions d'Aristote. Ce changement s'est accompli, pour ainsi dire, par la force des
choses ; les physiciens et les chimistes, frappés du désaccord de leurs théories, fondées sur des hypothèses mécanistes, avec les faits que l'expérience leur révélait, ont
entrepris un examen minutieux des bases de ces théories ;
ils se sont efforcés de mieux préciser, de mieux définir la
nature et la portée des procédés logiques qu'emploie la
Physique mathématique ; et de ces efforts multiples est
sortie une science dont le type, nouveau parmi nous, rappelle, d'une manière saisissante et imprévue, une Physique vieille de vingt-deux siècles.

Cette transformation, accomplie sans que la philosophie péripatéticienne y ait contribué, se produit cependant
au moment même où un grand nombre de penseurs s'ef-
forcent d'infuser à la pensée de notre temps les idées essentielles de Platon, d'Aristote, de leurs grands commenta-
teurs saint Augustin et saint Thomas ; où ceux mêmes
qui réputent illusoire une telle tentative reconnaissant
volontiers que l'École ne méritait ni les sarcasmes, ni les
dédains qui lui ont été prodigués naguère.

Un tel bouleversement dans les idées qui dominent et
dirigent les théories physiques est assurément, et par sa
nature même, et par les causes qui l'ont produit, et par
les circonstances dans lesquelles il s'est accompli, l'un
des phénomènes les plus dignes d'attention que nous offre
l'histoire de l'esprit humain.

Il ne faudrait pas, cependant, exagérer les caractères
péripatéticiens que présente la science actuelle, prétendre
qu'elle n'est que le développement et comme le prolonge-

ment naturel de la Physique d'Aristote, soutenir enfin que quatre siècles d'efforts sans trêve, dirigés par les plus puissants génies qu'ait connus l'humanité moderne, ont seulement accru et enrichi les théories physiques sans en modifier les tendances essentielles, sans marquer de leur empreinte ce qui est comme l'âme même de ces théories.

Essayons de marquer le trait précis jusqu'où la méthode actuellement suivie par les sciences physiques peut être regardée comme péripatéticienne et à partir duquel, au contraire, elle est essentiellement distincte de ce que pouvaient imaginer les philosophes de l'antiquité et du moyen âge.

Pour Aristote, toute recherche philosophique a pour fondement une analyse logique très minutieuse, très précise, des concepts que la perception a fait germer en notre intelligence ; en chaque notion, il convient de mettre à nu ce qui est l'exact apport de l'expérience, ce qui constitue essentiellement cette notion, et de rejeter sévèrement les ornements parasites dont l'imagination l'a affublée. S'agit-il, par exemple, de philosopher sur le mixte ? Il faudra, avant tout, faire ressortir ce qu'une exacte analyse distingue en cette notion : des éléments, qui cessent d'exister au moment où le mixte est engendré ; un mixte homogène dont la plus petite partie renferme en puissance les éléments et peut les régénérer par sa propre corruption. A ces caractères nécessaires et suffisants pour constituer la notion de mixte, l'imagination des atomistes substitue des hypothèses sur la persistance des atomes et sur leur juxtaposition ; ces hypothèses, dont les objets ne sont point saisissables à nos légitimes moyens de connaître, il les faut reléguer impitoyablement dans la région des chimères.

La Physique actuelle, elle aussi, met à la base de toute théorie une analyse logique exacte des notions que l'expérience nous fournit ; par cette analyse, elle s'efforce non seulement de marquer avec précision les éléments essentiels qui composent chacune de ces notions, mais aussi d'éliminer soigneusement tous les éléments parasites que les hypothèses mécanistes y ont peu à peu introduits.

L'analyse que la Physique actuelle prend pour point de départ de chaque théorie procède selon la même méthode que l'analyse péripatéticienne ; mais elle en diffère par le nombre des objets sur lesquels elle porte et par le détail des faits qui lui sont donnés. Aristote ne pouvait examiner autre chose que ce que peut saisir l'observation vulgaire, faite avec nos moyens naturels de percevoir ; encore avait-il parfois affaire à des observations incomplètes ou inexactes. Depuis la Renaissance, la puissance, la pénétration, la précision de nos sens, ont été prodigieusement accrues par l'usage d'instruments de jour en jour plus parfaits, de méthodes expérimentales de jour en jour plus minutieuses. Des expériences dont le nombre croît sans cesse en même temps que chacune d'elles devient plus détaillée, introduisent à chaque instant dans la science des notions nouvelles ou compliquent les notions déjà formées. L'analyse du physicien doit donc s'appliquer à une matière incomparablement plus riche que celle dont disposait Aristote, à une matière dont la richesse croît indéfiniment.

Il ne suffit plus, par exemple, à celui qui médite sur les théories chimiques d'analyser les deux notions connexes de mixte et d'élément ; une foule d'autres notions, qui sont venues se greffer sur celles-là, requièrent son attention ; il lui faut pénétrer les idées de masses équivalentes, d'analogie chimique, de substitution chimique, de valence, d'isomérie, etc. ; et pour saisir le contenu de ces idées, pour en discuter le sens exact et la véritable portée, il ne lui suffit pas de faire appel au témoignage de ses sens tout nus ; il lui faut recourir à la balance, au goniomètre, au saccharimètre, à tous les instruments qui peuplent les laboratoires du chimiste et du physicien.

Cette analyse, on le conçoit du reste, diffère profondément et de forme, et d'étendue de celle qui sollicitait l'attention d'Aristote. Bien précise, cependant, était la dissection logique faite par le Stagirite ; bien souvent, en effet, il a fallu au physicien moderne des efforts longs et opiniâtres pour exhumer du milieu des suppositions entassées par les théories mécaniques des idées clairement aperçues par le Philosophe antique. Ainsi avons-nous vu la chimie retrouver, par une lente élaboration, la notion péripatéticienne du mixte.

En outre, même dans le cas où la science actuelle est contrainte de transformer les résultats de l'analyse aristotélicienne, les changements qu'elle y apporte se relient souvent d'une manière si exacte aux idées antiques qu'ils semblent les compléter et les enrichir plutôt que les modifier profondément. Aristote avait vu qu'un mixte ou un groupe d'éléments ne pouvait être engendré, qu'il ne se détruisît en même temps un groupe d'éléments ou un

mixte ; *corruptio unius generatio alterius,* disait la Scolastique ; la Chimie moderne complète et précise ce principe
en nous montrant que la masse détruite est toujours égale
à la masse créée.

Il peut arriver, toutefois, que les résultats auxquels
Aristote a été conduit en appliquant l'analyse logique à
nos diverses notions physiques soient tous bouleversés
par l'examen de ces notions tel que nous le pratiquons
aujourd'hui ; et c'est ce qui a lieu en la Mécanique du
mouvement local. Même dans ce cas, il n'en reste pas
moins au Stagirite une gloire impérissable, la gloire
d'avoir mis une telle analyse à la base de la science ; la
gloire d'avoir créé une méthode à laquelle la Physique,
après avoir pris trop longtemps l'imagination pour guide,
se voit contrainte de recourir.

C'est par cette analyse logique préliminaire, mais c'est
seulement par elle, que la Physique péripatéticienne et la
Physique actuelle se rapprochent l'une de l'autre. Une fois
cette analyse terminée, ces deux Physiques se séparent et,
dans des voies divergentes, poursuivent des objets différents.

La Physique péripatéticienne est, au sens actuel du
mot, une branche de la Métaphysique ; si elle distingue,
en chacune de nos notions physiques, les éléments qui la
composent, c'est afin de pénétrer plus complètement la
nature de l'objet que cette notion représente ; derrière
chacun des éléments mis en évidence, elle place une
réalité. Lorsque, par exemple, elle a disséqué la notion de
mixte, elle essaye de concevoir comment les matières et
les formes des composants cèdent la place à la matière et

à la forme du mixte, quelle relation ont, entre eux les accidents et les substances de ces corps.

La Physique actuelle n'est pas une Métaphysique.
Elle ne se propose pas de pénétrer derrière nos perceptions pour saisir l'essence et la nature intime des objets
de ces perceptions. Tout autre est son but (1). Elle se propose de construire, au moyen de signes empruntés à la
science des nombres et à la géométrie, une représentation
symbolique de ce que nos sens, aidés des instruments,
nous font connaître. Une fois construite, cette représentation se prête au raisonnement d'une manière plus aisée,
plus rapide, et partant plus sûre, que les connaissances
purement expérimentales qu'elle remplace. Par cet arti-
fice, la Physique prend une ampleur et une précision
qu'elle n'aurait pu atteindre sans revêtir cette forme sché-
matique que l'on nomme *Physique théorique* ou *Physique
mathématique*.

Dès lors, à chacun des éléments que l'analyse logique
lui fait découvrir en une des notions dont elle traite, elle
fait correspondre non point une réalité métaphysique,
mais un caractère géométrique ou algébrique du symbole
qu'elle substitue à cette notion.

A la notion de mixte, par exemple, elle substitue une
formule chimique ; l'idée d'analogie entre deux mixtes
s'exprime par une suite d'égalités entre les indices qui

---

(1) Nous avons développé ce point dans les écrits suivants : *Quelques réflexions au sujet des théories physiques* (*Revue des Questions scientifiques*, 2ᵉ
série, t. I, 1892). — *Physique et Métaphysique* (*Ibid.*, t. II, 1893). — *Quelques réflexions au sujet de la Physique expérimentale* (*Ibid.*, t. III, 1894).

affectent certaines lettres ; l'idée de dérivation par substitution se représente au moyen de certains traits ; la dissymétrie d'une figure géométrique sert à signaler un corps doué du pouvoir rotatoire.

Il est clair qu'entre cette représentation symbolique des données de l'expérience et une étude métaphysique des choses que nos sens perçoivent, il n'y a plus lieu d'établir aucun rapprochement ; les théories de la Physique moderne sont radicalement hétérogènes à la Physique péripatéticienne. Ces deux Physiques ne sont liées l'une à l'autre que par l'analyse logique, qui est leur point de départ commun.

TABLE DES MATIÈRES

CHARTRES. — IMPRIMERIE DURAND, RUE FULBERT.

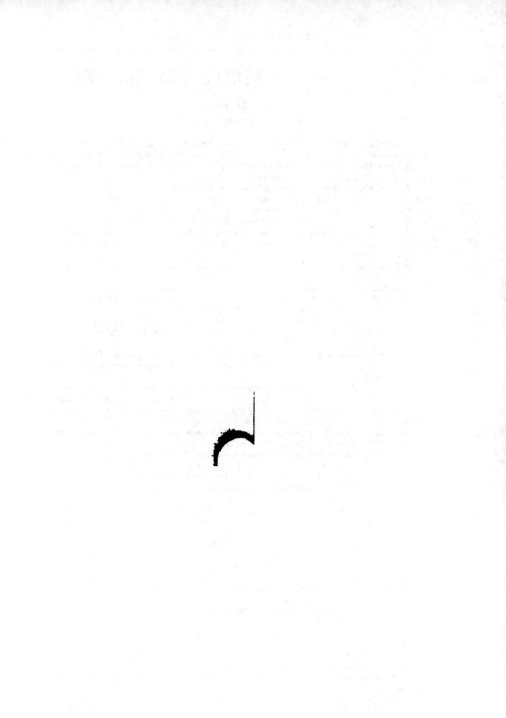

BIBLIOTHÈQUE GÉNÉRALE DES SCIENCES
Collection de volumes in-8° carré, avec figures, cartonnés à l'anglaise.
Prix : **5** francs

Histoire des Mathématiques, par J. Boyer. 1900. 1 vol. in-8° carré de 246 pages avec 34 figures.

Torpilles et Torpilleurs, par A. Brillé, Ingénieur des constructions navales. 1898. 1 vol. in-8° carré de 204 p., avec 58 fig. et 10 planches.

Évolution des êtres vivants, par P. Busquet. 1899. 1 vol. in-8° carré de 183 pages avec 141 figures.

La plaque photographique (gélatino-bromure d'argent). Propriétés, le visible, l'invisible, par R. Colson. Capitaine de génie, Répétiteur de physique à l'École polytechnique. 1897. 1 vol. in-8° carré de 165 p., avec 5 figures et 1 planche en chromolithographie hors texte.

La Vinification dans les pays chauds. Algérie et Tunisie, par J. Dugast. 1900. 1 vol, in-8° de 281 pages avec 58 figures et 2 tableaux.

Équilibre des systèmes chimiques, par J. Willard-Gibbs, traduit de l'anglais par H. Le Chatelier, professeur au Collège de France. 1899. 1 vol. in-8° carré de 211 pages avec 10 figures.

La technique des rayons X. Manuel opératoire de la radiographie et de la fluoroscopie à l'usage des médecins, chirurgiens et amateurs de photographie, par Alexandre Hebert, Préparateur à la Faculté de médecine. 1897. 1 vol. in-8° carré de 138 p., avec 25 fig. et 10 planches hors texte.

Théorie des Ions, par A. Hollard. 1900. 1 vol. in-8° de 172 pages avec 12 figures et 19 tableaux.

L'Apiculture par les méthodes simples, par R. Hommell, Ingénieur-agronome. 1898. 1 vol. in-8° carré de 338 pages, avec 102 fig. et 5 planches hors texte.

La Cytologie expérimentale. Essai de cytomécanique, par A. Labbé. Docteur ès sciences 1898. 1 vol. in-8° carré de 187 p., avec 56 fig.

La Mathématique. Philosophie. Enseignement, par C. A. Laisant. 1898. 1 vol. in-8° carré de 292 pages, avec 5 figures.

Mesure des températures élevées, par H. Le Chatelier et O. Boudouard. 1900. 1 vol. in-8° carré de 220 pages avec 52 figures.

Opinions et curiosités touchant la Mathématique, d'après les ouvrages français des xvie-xviie et xviiie siècles, par G. Maupin. Licencié ès sciences physiques et mathém. 1898. 1 v. in-8° carré de 200 p., avec 12 fig.

Les Méthodes pratiques en Zootechnie, par C. Pagés, Docteur en médecine, Docteur ès sciences. 1898. 1. v. in-8° carré de 215 p., avec 12 fig.

L'Éclairage à l'Acétylène, historique, fabrication, appareils, applications, dangers, par G. Pellissier. 1897. 1 vol. in-8° carré de 237 p., avec 102 figures.

Les Gaz de l'atmosphère, par William Ramsay, traduit de l'anglais par G. Charpy, Dr ès sciences. 1898. 1 vol. in-8° carré de 194 p., avec 6 fig.

Les Eaux-de-vie et Liqueurs, par X. Rocques, Ingénieur-chimiste. 1898. 1 vol. in-8° carré de 224 pages, avec 65 figures.

Physique et chimie viticoles, par A. de Saporta. 1899. 1 vol. in-8° carré de 300 pages avec 45 figures.

Principes d'Hygiène coloniale, par le Dr G. Treille. 1899. 1 vol. in-8° carré de 272 pages,

L'Alcool et l'Alcoolisme, par H. Triboulet et Mathieu. 1898. 1900. 1 vol. in-8° carré de 252 pages.

Les Terres rares. Minéralogie, propriétés, analyse, par P. Truchot. 1 vol. in-8° carré de 315 pages, avec 6 figures et 4 cartes.

L'Éclairage à incandescence par le gaz et les liquides gazéifiés. p. P. Truchot. 1899. 1 v. in-8° carré de 256 p. av. 70 fig. et 18 tab.

L'Artillerie. Organisation. Matériel, France, Angleterre, Russie, Allemagne, Italie, Espagne, Turquie, par le Commandant Vallier. 1899. 1 vol. in-8° carré de 272 pages, avec 45 figures.

CPSIA information can be obtained
at www.ICGtesting.com
Printed in the USA
BVHW08s1122030818
523477BV00020B/651/P

9 780259 569244